W0349618

Gehlen zur Einführung

Christian Thies

Gehlen zur Einführung

JUNIUS

Junius Verlag GmbH
Stresemannstraße 375
22761 Hamburg
Im Internet: www.junius-verlag.de

Umschlaggestaltung: Florian Zietz
Titelfoto: Privatbesitz
Satz: Druckhaus Dresden
Druck: Druckhaus Dresden
Printed in Germany 2000
ISBN 3-88506-329-8
1. Auflage September 2000

Die Deutsche Bibliothek – CIP-Einheitsaufnahme

Thies, Christian:
Gehlen zur Einführung / Christian Thies. –
1. Aufl. – Hamburg : Junius, 2000
(Zur Einführung ; 229)
ISBN 3-88506-329-8

Inhalt

1. Einleitung 7

2. Zur Biografie 11
Lebenslauf 11
Gehlen und der Nationalsozialismus 15
Werkgeschichte 19

3. Grundfragen der Anthropologie 23
Handlung und Weltbezüge 25
Grundpositionen der Anthropologie 29

4. Der Mensch – ein Mängelwesen? 35
Gibt es eine biologische Sonderstellung des Menschen? . . . 38
Weltoffenheit 48
Instinktreduktion und Sozialregulationen 64
Triebtheorie 83
Ein kritisches Fazit 95

5. Entlastung 105
Belastungen und Fantasie 109

6. Institutionen 115
Führungssysteme 116
Zur Genealogie des Normativen 118
Die Ethik der Institutionen 121
Institutionen in der Moderne 124

7. Geschichtsphilosophie 131
Kulturschwellen 131
Der Fortschritt in den Superstrukturen 133
Kulturelle Kristallisation 135
Post-histoire 140
Die Postmoderne und das Ende der Geschichte 142

8. Fortführungen 147

9. Schluss 153

Anhang
Anmerkungen 161
Literaturhinweise 168
Zeittafel 172
Über den Autor 173

1. Einleitung

Eine Einführung zu einem bedeutenden Philosophen soll den Leserinnen und Lesern, die mit dessen Schriften noch nicht vertraut sind, den Zugang zu seinen wichtigsten Aussagen erleichtern. Sie will dazu anregen, selbst die entsprechenden Werke zu lesen und eigene Interpretationen zu entwickeln. Darüber hinaus soll diese Einführung selbst philosophisch sein, also auf die argumentative Erörterung der Aussagen des entsprechenden Denkers nicht verzichten. Kurz: Es werden nicht einzelne Bücher vorgestellt, sondern gedankliche Zusammenhänge, die es kritisch zu überprüfen gilt.

Im Falle von Arnold Gehlen mag es einige Hindernisse für eine solche philosophische Auseinandersetzung geben. Zunächst einmal gilt er manchen als Nationalsozialist; in gewisser Weise steht Gehlens Lebenslauf für die spezifischen Irrtümer und Erfahrungen einer ganzen Generation. Doch im Unterschied zu Martin Heidegger oder Carl Schmitt hat sein Denken bisher keine Renaissance erlebt. Dieses heikle Thema muss zu Beginn in einem biografischen Teil behandelt werden.

Sodann ist zu berücksichtigen, dass Gehlen sich um disziplinäre Grenzen wenig gekümmert hat; er konnte gleichermaßen kompetent über philosophische Fragen, über aktuelle soziologische Themen und über moderne Malerei schreiben. Doch obwohl er sich nach dem Zweiten Weltkrieg eher als Sozialwissenschaftler verstand, sollen die philosophischen Teile seines Werks hier im Mittelpunkt stehen, in erster Linie seine Anthropologie. Da diese wiederum interdisziplinär angelegt ist und als »empirische Philosophie« gelten sollte, sind bei ihrer Erörterung Theorien aus empirischen Wissenschaften wie der Biologie oder der Soziologie heranzuziehen. Zudem bleiben Gehlens Vorläufer Max Scheler und Helmuth Plessner, soweit diese bessere Argumente anzubieten haben, ständig im Blick.

Schließlich scheint die philosophische Anthropologie als Disziplin gar nicht mehr zu existieren; zumindest hat Gehlen keine gleichrangigen Nachfolger gefunden. Indem an verschiedenen Stellen mögliche Fortführungen seines Denkens vorgeschlagen werden, soll diese Einführung einen kleinen Beitrag leisten, um diese einst ruhmreiche Disziplin zu rehabilitieren.

Allerdings kann auf die Lektüre der Originaltexte schon deshalb nicht verzichtet werden, weil Gehlen zu den großen Stilisten wissenschaftlicher Prosa gehört. Seine Essays zeichnen sich durch viele treffende Formulierungen, klug gewählte Zitate und grimmigen Humor aus. Selten findet man eine solche Mischung aus Gegenwartsdiagnose, Bildungswissen und polemischem Beiwerk. Er ist ein Autor, der seine wichtigsten Thesen mit kristallklarer Deutlichkeit vorbringt und dem es gelingt, diese in eingängigen Schlagworten zusammenzufassen. Der Aufbau dieser Einführung wird folgende Argumentationsschritte nachvollziehen:

Der Mensch ist aufgrund seiner defizitären biologischen Ausstattung ein »Mängelwesen«. In diesem zentralen Ausdruck von Gehlens Anthropologie konvergieren mehrere Gedankengänge, die sich auf folgende Begriffe bringen lassen: »Sonderstellung des Menschen«, »Weltoffenheit«, »Instinktreduktion« und »Antriebsüberschuss«.

Als »Mängelwesen« sind wir Menschen auf kompensatorische Leistungen angewiesen. Deshalb ist »Entlastung« der Dreh- und Angelpunkt des gehlenschen Denkens.

Entlastet wird man vor allem durch Institutionen, die das wichtigste Thema seines sozialphilosophischen Werkes sind.

In der Gegenwart kommt es – besonders in Westeuropa – zu einem Zerfall der Institutionen. Diese pessimistische Zeitdiagnose wird von Gehlen zur These vom Ende der Geschichte (post-histoire) zugespitzt.

Freilich lassen sich gegen alle Thesen gewichtige Einwände vorbringen, die sich teils aus interner, teils aus externer Kritik ergeben.[1] So kann jeder Leser selbst überlegen, welche Schritte der Argumentation er nachvollziehen will und welche nicht.

2. Zur Biografie

Lebenslauf

Arnold Karl Franz Gehlen wird am 29. Januar 1904 in Leipzig geboren. Er stammt aus einer großbürgerlichen Familie, die viele Gelehrte und hohe Staatsbeamte hervorgebracht hat. Sein früh verstorbener Vater, Dr. Max Gehlen, leitet einen bekannten Verlag; seine Mutter ist die Tochter eines Mitverfassers des Bürgerlichen Gesetzbuches, ihr zweiter Mann Richter am Leipziger Reichsgericht.

Berühmt ist Gehlens fast gleichaltriger Cousin, Reinhard Gehlen (1902-1979): Im Zweiten Weltkrieg führt er die Abwehrabteilung »Fremde Heere Ost«. Da an diesem Thema nach 1945 weiter großes Interesse besteht, baut er mit Billigung der USA einen Auslandsgeheimdienst auf, die »Organisation Gehlen«, die 1956 in den Bundesnachrichtendienst (BND) übergeleitet wird, dessen Chef er bis 1968 bleibt.

Nachdem Arnold Gehlen zunächst häuslichen Privatunterricht erhalten hat, kommt er 1914 auf das traditionsreiche Thomas-Gymnasium, das er 1923 mit dem Abitur verlässt. Anschließend absolviert er Praktika im Buchhandel und Bankwesen, dann studiert er bis 1927 in seiner Heimatstadt Philosophie, Deutsch und Kunstgeschichte, nebenbei auch Physik und Zoologie. Im Wintersemester 1925/26 wohnt er in Köln, wo er Max Scheler und Nicolai Hartmann hört; der Einfluss beider kommt allerdings erst später zur Geltung. Bereits Ende 1927 wird Gehlen in Leipzig promoviert, schon 1930 habilitiert er sich mit der Schrift *Wirklicher und unwirklicher Geist* (1931 erschienen). Aufmerksam registriert wird sein nächstes Buch, die *Theorie der Willensfreiheit* von 1933.

Leipzig bietet zu jener Zeit ein anregendes Milieu; die informellen und gedanklichen Zusammenhänge, die zwischen verschiedenen Wissenschaftlern an der Philosophischen Fakultät bestehen, werden aus heutiger Sicht sogar als »Leipziger Schule« bezeichnet.[2] Seit den Zeiten von Wilhelm Wundt (1832-1920) steht hier die Idee einer Wissenschaftssynthese hoch im Kurs. Gehlens Doktorvater, Hans Driesch (1867-1941), will in seinem Vitalismus lebensphilosophisches Gedankengut naturwissenschaftlich bestätigen; Gehlens Dissertation bleibt seinem Mentor ganz verpflichtet. Eine zweite wichtige Figur ist Hans Freyer (1887-1969), einer der bekanntesten Soziologen dieser Jahre, durch den Gehlens spätere Institutionentheorie und Zeitdiagnose stark beeinflusst werden. Als weitere Mitglieder der Leipziger Schule könnte man aus Gehlens Generation nennen: den Soziologen Helmut Schelsky, den Psychiater Hans Bürger-Prinz und den Philosophen Gotthard Günther.

Das Jahr 1933 stellt für Gehlen eine Zäsur dar; plötzlich scheint er eine politische Orientierung zu finden. Von der vermeintlichen Aufbruchstimmung des Frühjahrs wird er mitgerissen: Zusammen mit einigen hundert anderen Professoren und Hochschullehrern unterzeichnet er kurz vor der Reichstagswahl vom 5. März 1933 ein »Bekenntnis der deutschen Geisteswelt zu Adolf Hitler« und tritt am 1. Mai 1933 (wie auch Martin Heidegger und Carl Schmitt) der NSDAP bei, der er bis Kriegsende angehört. Bis 1935 ist er »Zellenleiter« der Ortsgruppe Böhlitz-Ehrenberg in Leipzig; zwei Semester leitet er die NS-Dozentenschaft an der Universität Leipzig. Er hält für Funktionäre der NSDAP »nationalpolitische Lehrgänge« ab und rezensiert Bücher für die »Hauptstelle Schrifttumspflege beim Beauftragten des Führers für die gesamte geistige und weltanschauliche Erziehung«.[3]

Obwohl sein Engagement schon Mitte der Dreißigerjahre nachlässt, ermöglicht ihm der NS-Staat eine schnelle Karriere. Bereits im Sommersemester 1933 kann er einen Lehrstuhl übernehmen, nämlich denjenigen, den Paul Tillich in Frankfurt/M. wegen seiner politischen Ansichten verlassen musste. Im Wintersemester 1933/34 ist er wieder in Leipzig, als Assistent von Freyer; im Sommersemester 1934 übernimmt er die Professur von Driesch. 1938 beruft man ihn auf den Kant-Lehrstuhl der Universität Königsberg, wo er sein Hauptwerk *Der Mensch* abschließt. 1940 folgt er einem Ruf nach Wien. Von Oktober 1941 bis Mai 1942 ist er zugleich Kriegsverwaltungsrat an der Personalprüfstelle des Heeres in Prag; dort sollen seine wissenschaftlichen Einsichten für militärpsychologische Zwecke fruchtbar gemacht werden. Mitten im Krieg erreicht Gehlens Karriere einen Höhepunkt, als er 1942 den Vorsitz der Deutschen Philosophischen Gesellschaft übernimmt. Wenig später wird er Soldat.

Nach 1945 lebt Gehlen im Westen, ohne allerdings einen Ruf an eine große Universität zu erhalten. Stattdessen bekommt er schon 1947 einen Lehrstuhl an der Hochschule für Verwaltungswissenschaften in Speyer; von 1962 bis 1969 ist er Professor an der Technischen Universität Aachen. In beiden Fällen konnte er zwischen Lehrstühlen für Philosophie und Soziologie wählen, beide Male entscheidet er sich für Letzteres; in philosophischen Kreisen kokettiert er mit der Behauptung, er habe sich von seinem ursprünglichen Fach abgewandt und betreibe inzwischen harte Sozialwissenschaft.

Viele Publikationen Gehlens beschäftigen sich jetzt mit der modernen Malerei, insbesondere das herausragende Buch *Zeit-*

Bilder (1960). Schon immer spielten literarisch-ästhetische Interessen bei ihm eine große Rolle. Seine erste Veröffentlichung 1925 galt Hugo von Hofmannsthal; später gehören Gottfried Benn und Robert Musil zu den häufig zitierten Autoren.

Außerhalb der Universitäten ist er sehr begehrt: als Autor für Zeitschriften wie den *Merkur* oder *Westermanns Monatshefte* sowie als Redner in evangelischen Akademien und auf Fachtagungen. *Der Spiegel* versucht mehrfach vergeblich, ihn als Essayisten zu gewinnen.

Berühmt sind die öffentlichen Radio- und Fernsehdiskussionen mit Theodor W. Adorno, die von einem umfangreichen Briefwechsel sowie einigen privaten Treffen begleitet werden. In der ersten Hälfte der Sechzigerjahre versichern sich beide immer wieder, wie überraschend nahe sie sich als Denker stehen würden. In einem Brief vom 28.10.1962 bezieht sich Gehlen zustimmend auf ein Schreiben Adornos, auf dessen »Dank darüber, einmal wieder etwas in der Dimension gehört zu haben, in der Sie sonst so sehr allein gelassen werden«.[4] Gehlen interpretiert diese ungewöhnliche geistige Beziehung folgendermaßen: »[...] ich glaube zwar nicht, wie in Horkheimers wundervollem Schopenhauer-Aufsatz steht, an eine Gemeinschaft der Verlassenen, aber daran, daß die Verirrten im Walde sich noch durch Zurufe erreichen, über die Wölfe hinweg.« (Brief vom 5.6.1962) Adorno und Gehlen verbindet offensichtlich ihre melancholische Grundstimmung.[5]

Gehlens Pessimismus steigert sich nach den Studentenprotesten um 1968. Weil nun die Soziologie von vielen als kritische Disziplin verstanden wird, distanziert er sich erneut und sieht sich eher in der Rolle eines antiken Weisen, der außerhalb des Getriebes der Welt steht. Auch mit der zeitgenössischen Kunst kann er immer weniger anfangen. 1970 zerbricht sogar die alte Freundschaft mit Helmut Schelsky, nachdem dieser Gehlens letztes großes Werk, *Moral und Hypermoral*, heftig kritisiert hat. Seine letzten Essays sind voller Bitterkeit und sarkastischem Witz.

Am 30. Januar 1976 ist Arnold Gehlen in Hamburg gestorben.

Gehlen und der Nationalsozialismus

1933/34 will Gehlen eine »Philosophie des Nationalsozialismus« schreiben (die nie fertig wurde). Wie andere Denker verfolgte er wohl die Absicht, den neuen Machthabern eine geschlossene Weltanschauung zu liefern. Doch etablierte Nazi-Ideologen wie Ernst Krieck reagierten kritisch auf seine Publikationen. Ähnlich wie bei Heidegger schwindet Gehlens Begeisterung etwa 1935; zur selben Zeit erfolgt die Wende zur Anthropologie. Aber in kleineren Aufsätzen und mit verstreuten Bemerkungen hat sich Gehlen weiterhin beim Regime angebiedert.

Die Frage, wieweit und wie lange sich Gehlen mit dem Nationalsozialismus identifiziert hat, ist zweitrangig gegenüber der, ob sein Denken, sein anthropologischer Ansatz und die Institutionentheorie als faschistisch bezeichnet werden können. Das behauptet Krockow: »Arnold Gehlen [hat] in seinem Werk eine, nein: *die* faschistische Theorie entworfen und vollendet, auf dem allerhöchsten Reflexionsniveau, das sie überhaupt zu erreichen vermag.«[6]

Dagegen kann erstens eingewandt werden, dass sich in Gehlens gesamtem Werk – worauf er selbst zu Recht verwies (AG 3: 876) – keine antisemitischen Äußerungen finden. Auch in der Zeit des Dritten Reiches beschäftigt er sich mit Autoren jüdischer Herkunft wie Scheler, Freud und den Gestaltpsychologen; allerdings verschweigt er 1940 in der ersten Auflage seines Buchs *Der Mensch*, wie viel er diesen Theoretikern zu verdanken hat.

Zweitens spielt sozialdarwinistisches und rassistisches Gedankengut bei ihm keine Rolle. Gehlen distanziert sich von der für den Sozialdarwinismus grundlegenden Annahme, alles Leben sei »Kampf ums Dasein« (M 114, 125); das Selektionsprinzip sei für die Evolution des Menschen bedeutungslos gewesen. Zudem betont er, dass die Anthropologie jeder Rassentheorie vorgeordnet sei. (M 11, AG 3: 486, AG 4: 69) Alle Kategorien gelten uneingeschränkt für alle Menschengruppen. Seine zentrale These lautet ja, dass der Mensch nicht biologisch determiniert sei; vielmehr habe er sich selbst zu erschaffen mit Mitteln der Kultur, mit Sprache, Werkzeugen, Erziehung usw. Auch die naturalen Reste, die sich in unseren Handlungsmustern finden lassen, differieren nicht nach »Rassenzugehörigkeit«. Unterschiede zwischen Individuen und Kollektiven beruhen gerade auf soziokulturellen Faktoren. Gewährsleute für Gehlens Anthropologie sind nicht Rassentheoretiker wie Gobineau oder H.F.K. Günther, sondern Max Scheler mit seiner späten Schrift *Die Stellung des Menschen im Kosmos* (1928), Nietzsche und Herder.

Zwar arbeitet Gehlen 1933/34 im Rahmen der geplanten »Philosophie des Nationalsozialismus« auch an einem Manuskript zum Rassenbegriff. (AG 3: 790-795) Dessen biologische Grundlegung lehnt er jedoch ab. »Rasse« sei eher ein kraftvoller Mythos mit sozial-integrativer und handlungsleitender Funktion. Dennoch finden sich in der ersten Auflage des Werks *Der Mensch* mehrere Konzessionen an die damals verbreiteten Rassenlehren sowie einige peinliche Verbeugungen vor dem NS-Ideologen Alfred Rosenberg. (AG 3: 710, 739) Gehlen wollte solche Textstellen später verstanden wissen als Vorsichtsmaßnahmen in einem Buch, das ansonsten wenig zum nationalsozialistischen Weltbild beizutragen hatte. (AG 3: 876 f.)[7]

Der dritte Punkt betrifft Gehlens Institutionentheorie, insbesondere sein Plädoyer für einen starken Staat, das sich ja schon in einigen Veröffentlichungen von 1935 findet. Aber auch diese Ansichten lassen sich nicht nationalsozialistischem Gedankengut zuschlagen. Gehlens zentraler Begriff ist nicht »Nation« oder »Reich«, »Volk« oder »Partei«, sondern eben »Staat«. Die Institutionentheorie der Nachkriegszeit kann sogar als kritische Konsequenz aus den Erfahrungen des Dritten Reiches angesehen werden. Weil die Nationalsozialisten an die Stelle der bestehenden Institutionen die unumschränkte Befehlsgewalt des »Führers« setzen wollten, wurden Kirche und Familie, Heer und Rechtsprechung ausgehöhlt und ihrer Souveränität beraubt. Entgegen anders lautenden Meinungen war Hitler nicht institutionenfreundlich. Insofern orientiert sich Gehlen nicht am nationalsozialistischen Totalitarismus, sondern am konservativen Ordnungsdenken, an einer Tradition, die über Hegels *Rechtsphilosophie* und Hobbes' *Leviathan* bis zur antiken Staatstheorie zurückreicht.

Nach 1945 hat sich Gehlen zum Nationalsozialismus selten geäußert. Seine Schrift *Der Mensch* wird gleichsam entnazifiziert, indem er anstößige Stellen, einschließlich des Kotaus vor Alfred Rosenberg, streicht; Publikationen, die ihn diskreditieren könnten, werden möglichst nicht mehr erwähnt.

Immerhin findet man bei ihm – im Unterschied zum öffentlichen Schweigen Heideggers und zur zeitweiligen Larmoyanz von Carl Schmitt – in einem seiner Hauptwerke, *Moral und Hypermoral* (1969), folgende Äußerung: »[...] die Moral duldet kein Vakuum, so fühlen wir uns mitschuldig an dem, was an Untaten geschah und was kein menschlicher Verstand aufrechnet, anstatt bloß haftbar; wir haben die Verpflichtung, für den Untergang des Reiches und für die Greuel einzustehen, die dieser mit sich brachte.« (M+HM 142) Am Ende dieses Buches steht die Frage, was eigentlich das Böse sei. Als böse bezeichnen müsse man, so Gehlen, die »mechanische Massentötung von Wehrlosen«, wie sie von den Deutschen im Zweiten Weltkrieg praktiziert wurde. Dies sei »tiefer gesehen [...] wohl auch ein geistiger Mordversuch gewesen« (M+HM 185). Es folgen einige sibyllinische Wendungen, die man wohl so verstehen muss, dass in der Gegenwart ein vergleichbarer geistiger Mordversuch an den Deutschen begangen werde.

Sicher, der politischen Rechten ist Gehlen allemal zuzurechnen. Armin Mohler, einer ihrer Vordenker, sah in Gehlen den »Meister« der Konservativen und lobte Anfang der Siebzigerjahre *Moral und Hypermoral* überschwänglich: »Ich halte es für die bedeutendste geistige Leistung, welche die deutsche Rechte seit dem Zusammenbruch von 1945 hervorgebracht hat.«[8] Gehlen hielt zu diesen Kreisen eine gewisse Distanz; neuen Nationalisten empfahl er, die weltpolitischen Gegebenheiten zur Kenntnis zu nehmen. Auch der neokonservativen »Tendenzwende« Anfang der Siebzigerjahre stand er skeptisch gegenüber, weil sie sich derselben publizistischen Mittel bediente wie die linke kulturelle Hegemonie im Jahrzehnt davor.[9]

Auf der anderen Seite geht sein Ordnungsdenken so weit, dass er in *Moral und Hypermoral* (1969) Verständnis für die Zerschlagung des Prager Frühlings durch Truppen des Warschauer Paktes zeigt. (M+HM 117, 154) Russische Dissidenten wie Solschenizyn werden kritisiert. (AG 7: 369) Ernst Nolte bezeichnete deshalb Gehlen als den einzigen Philosophen des 20. Jahrhunderts, der sowohl das Dritte Reich als auch die Sowjetunion unterstützt habe.[10] Diese Sympathie beruhte auf Gegenseitigkeit; die ersten Übersetzungen der Schrift *Der Mensch* erscheinen in den Siebzigerjahren in Jugoslawien und Ungarn. In der DDR hatte Gehlen in Wolfgang Harich (1923-1993) einen verlässlichen Anhänger, mit dem er in einem regen Briefwechsel stand. Harich bezieht sich an verschiedenen Stellen positiv auf Gehlen und macht 1952 Georg Lukács auf das Buch

Der Mensch aufmerksam. Durch Lukács wiederum stößt wahrscheinlich Agnes Heller auf Gehlens Werk.

Dagegen, Gehlen einfach »rechts« liegen zu lassen, spricht auch, dass er seit Ende der Dreißigerjahre den radikaldemokratischen Pragmatismus der USA rezipierte; so wurde er einer der ersten europäischen Philosophen, die die Bedeutung von John Dewey und George Herbert Mead erkannten. Zudem bewunderte er die Schriften von Bertrand Russell und Hannah Arendt; ihnen fühlte er sich mit seinem Konzept der »empirischen Philosophie« geistesverwandt.

Werkgeschichte

Gehlens Werk ist nicht aus einem Guss; seine intellektuelle Biografie weist mehrere Brüche auf. Üblicherweise werden folgende Abschnitte unterschieden: 1. die existenzialistische Phase, für die vor allem die Habilitationsschrift *Wirklicher und unwirklicher Geist* (1930/31) steht; 2. die idealistische Phase, repräsentiert durch die *Theorie der Willensfreiheit* (1933) sowie die Schriften, in denen er sich mit dem deutschen Idealismus, vor allem mit Fichte, beschäftigt; 3. die anthropologische Phase seit Mitte der Dreißigerjahre; auch hier gibt es noch einige Wandlungen, die sich etwa in den revidierten Auflagen des Buchs *Der Mensch* zeigen, ebenso in seinen späteren Werken *Urmensch und Spätkultur* sowie *Moral und Hypermoral.*

Gehlen selbst deutet 1964 seine Entwicklung als Fortschritt im Sinne des Drei-Stufen-Gesetzes von Comte: von der Metaphysik über die Philosophie zur Wissenschaft. (AG 3: 758, AG 4: 385, vgl. AG 2: 417) Mir scheint die Interpretation als »Dreisprung« angemessener zu sein. Denn für die Übergänge sind nicht in erster Linie Argumente und Einsichten verantwortlich, sondern politisch-zeitgeschichtliche und individuell-biografische Erfahrungen. Zudem gibt es untergründige Kontinuitäten. Das soll im Folgenden kurz skizziert werden.

In einem unveröffentlichten Brief an Adorno schreibt Gehlen am 16.11.1960: »Es gibt, davon bin ich überzeugt, etwas wie ein Erfahrungsapriori. Das wird ja nur dann paradox, wenn man sich innerhalb der Kantischen Prämissen aufhält, aber warum sollte man denn. Ich möchte, einen Terminus meines alten Lehrers Driesch umkehrend, sagen: es gibt ein Vorwissen von Unordnung. Zu meinen frühesten Erfahrungen gehört etwas wie eine regionale Verhängnisstimmung, ich habe niemals, auch als Kind nicht, und nicht einmal 1914 die Gewissheiten meiner Umgebung geteilt und mich gerade deswegen engagiert.« So empfand auch der heroische Realismus der Zwanzigerjahre (Oswald Spengler, Ernst Jünger u.a.): Man müsse kämpfen, obwohl man auf verlorenem Posten stehe.

Das bezeugt schon Gehlens erste Publikation, eine Rede über Hofmannsthal aus dem Jahr 1925. Er stellt dort fest, dass in dieser Welt »alle Versuche der Erweiterung des Ich« zum Scheitern verurteilt sind. (AG 1: 9) Deshalb blieben nur zwei Möglichkeiten: Resignation oder der Weg der heroischen Tat. Bis 1945 überwiegt der heroische Realismus (zwischenzeitlich allerdings in einer kollektivistischen Variante), danach siegt die Melancholie.

Die Habilitationsschrift *Wirklicher und unwirklicher Geist* passt in die existenzialistische Stimmung um 1930: Es geht um das auf sich gestellte Individuum, das in einer widerständigen und verfallenen Welt seinen Platz sucht. Rein intellektuell oder im direkten Verfolgen subjektiver Zwecksetzungen könne dies nicht gelingen, sondern nur durch entschiedenes Handeln.

Dass dafür freiwillig der eigene Wille aufgehoben werden müsse, ist die zentrale These der *Theorie der Willensfreiheit* von 1933. Der Gipfelpunkt der Freiheit sei die Bejahung des objektiven Schicksals, von Wirklichkeit und Notwendigkeit. Eine höhere Form der Freiheit sei es auch, sich für eine allgemeine Idee einzusetzen, was im Politischen oder im Religiösen geschehen könne. Daran kann die »Philosophie des Nationalsozialismus«, die Gehlen schreiben wollte, anknüpfen. In ihr werden Gedanken des späten Fichte weiterentwickelt – mit dem Ziel einer deutschen Weltanschauung. Normatives Prinzip sollte der Staat sein, der Staat als konkrete Gestalt des Volkes. Damit ist bereits ein institutionentheoretisches Moment vorhanden.

1935/36 erfolgt dann die Wende zur Anthropologie. Selbstverständlich bleiben Elemente des früheren Denkens erhalten, vor allem in der Erstausgabe seiner Schrift *Der Mensch* (1940): Die Betonung der Handlung und der Begriff des Charakters erinnern an die erste, das Konzept der obersten Führungssysteme an die zweite Phase. Die Institutionentheorie wird erst nach 1945 wieder aufgegriffen, im Zusammenhang mit einer verstärkten Hinwendung zur Soziologie und Ethnologie. Da die zeitdiagnostische Prämisse der Institutionenverfall ist, kann daraus keine Ethik mehr entwickelt werden – was bleibt, sind der melancholische Rückzug und die Askese.

Mit dieser Entwicklung repräsentiert Gehlen den »Bildungsroman« einer Generation.[11] Die drei Phasen lassen sich, trotz aller Unterschiede, bei anderen Autoren desselben Kontextes feststellen: Bei Ernst Jünger entsprechen ihnen der »Krieger«, der »Arbeiter« und der »Waldgänger«, bei Martin Heidegger die Entwicklung von der individuellen »Entschlossenheit« über die Kollektivierung seines Ansatzes 1933/34 bis zur »Gelassenheit« der späteren Zeit und bei Carl Schmitt der Weg von der Dezision über das »konkrete Ordnungsdenken« bis nach Plettenberg.[12]

Aufgabe dieser Einführung kann es nicht sein, das gesamte Werk von Gehlen vorzustellen. Auf die Schriften der ersten beiden Phasen werde ich nicht eingehen. Auch Gehlens metatheoretische Überlegungen (»empirische Philosophie«) sowie seine Ästhetik werden vernachlässigt. Stattdessen soll die philosophische Anthropologie im Mittelpunkt stehen.

3. Grundfragen der Anthropologie

Es gibt einige zentrale Probleme, die unser Selbstverständnis als Menschen betreffen und die eine philosophische Anthropologie zu klären versucht. Diese Fragen werden schon vorwissenschaftlich gestellt und finden im antiken Griechenland zum ersten Mal eine philosophische Fassung.

Die erste Frage richtet sich auf das Leib-Seele-Problem. Seit vorhistorischen Zeiten nehmen Menschen zwei Dimensionen an sich wahr. Zum einen besitzen wir eine körperliche Ausstattung, die allen Angehörigen der Gattung gemeinsam ist: unseren Leib. Zum anderen muss früh die Vorstellung aufgekommen sein, dass etwas Individuelles im Menschen, seine Seele, das körperliche Dasein transzendiert. Die Seele ist die eigentliche Antriebskraft des Lebens und mit ihr können wir höhere Wahrheiten erfassen. Dualismen wie Sinnlichkeit/Verstand, Gefühl/Geist oder Trieb/Vernunft prägen bis heute unsere Selbstvergewisserung. In philosophischer Schärfe hat Platon als Erster zwischen Leib und Seele unterschieden; ontologisch, erkenntnistheoretisch und ethisch ist diese Dichotomie für ihn von großer Bedeutung. Die klassische Definition des Menschen als »animal rationale« verbindet die beiden Komponenten. Hingegen beginnt die neuzeitliche Philosophie bei René Descartes mit einer radikalen Trennung von Leib und Seele, der körperlichen und der geistigen Seite des Menschen. Welchem Aspekt gebührt der Vorrang? Die »materialistische« Fraktion wird durch die großen Fortschritte der Naturwissenschaften gestärkt: Die Geheimnisse unseres Gehirns werden zunehmend entschlüsselt, unser Verhalten lässt sich immer besser kausal erklären. Dagegen pocht die »idealistische« Fraktion darauf, dass entscheidende Phänomene wie Selbstbewusstsein und Willensfreiheit sich gegen jeden derartigen Reduktionismus sperren.

Die zweite Frage betrifft den alten Streit zwischen einer optimistischen und einer pessimistischen Anthropologie. Ob der Mensch gut oder böse sei, wurde sicher schon vor Beginn der Philosophiegeschichte diskutiert. Sokrates fragt sich, ob er einem ungestümen Ungeheuer gleiche oder mit milden und edlen Wesenszügen ausgestattet sei.[13] Das jüdisch-christliche Denken schwankt zwischen den Auffassungen von der Gottesebenbildlichkeit des Menschen und seiner radikalen Sündhaftigkeit. Optimistische Anthropologien hoffen darauf, dass Erziehung und Aufklärung unter optimalen Bedingungen gleichsam einen neuen Menschen hervorbringen können; pessimistische Anthropologien rechnen nicht mit der Verbesserungsfähigkeit des Menschen. Ein wesentlicher Streitpunkt in sozialphilosophischen Kontexten ist, ob wir Menschen eher egoistisch oder altruistisch sind, ob unser Zusammenleben stärker durch Konflikte oder durch Kooperation bestimmt wird.

Die dritte Frage lautet: Ist der Mensch eher ein Natur- oder eher ein Kulturwesen? In allen traditionalen Weltbildern (bis hin zu den Vorsokratikern) werden die Menschen eingebettet in eine natürliche Ordnung des Ganzen, den Kosmos. Eine wichtige Zäsur markieren im 5. Jahrhundert v. Chr. die Sophisten mit ihrer Unterscheidung zwischen dem, was von Natur ist, und dem, was von uns geschaffen wurde. Aber erst die Erweiterung des geographischen Horizonts und die gesellschaftlichen Veränderungen seit der frühen Neuzeit machen deutlich, wie sehr sich die Menschen in den verschiedenen Kulturen unterscheiden. In allen Bereichen unseres Daseins stellt sich nun die Frage, ob wir stärker durch biologische Wurzeln oder durch soziokulturelle Prägung bestimmt sind. Verbunden mit dieser Naturalismus-Kulturalismus-Kontroverse ist der Kampf um die anthropologische Interpretationshoheit: Wer ist für die Erforschung menschlichen Handelns zuständig – Biologie oder Soziologie?

Gehlens Anthropologie lässt sich als Antwort auf diese drei Grundfragen rekonstruieren.

Handlung und Weltbezüge

Das erste Grundproblem der philosophischen Anthropologie möchte Gehlen nicht lösen, sondern aus seinen Betrachtungen ausklammern; nicht als unsinnig, aber als unlösbar soll es systematisch ignoriert werden. Zuletzt war sein Vorgänger Max Scheler, so legt Gehlen überzeugend dar, in diese theoretische Sackgasse geraten. (A+S 14 ff.) Mit metaphysischen Begriffen wie »Seele« oder »Geist« lasse sich in einer wissenschaftlichen Philosophie nicht arbeiten. Außerdem besteht Gehlen gegen Nicolai Hartmann, den er ansonsten sehr schätzt, auf der Ablehnung aller Schichtenlehren. Darunter versteht er Ansätze, die menschliche Funktionen und Leistungen hierarchisch ordnen, vom vegetativen System über die Wahrnehmung bis hinauf zur Vernunft.

Gesucht wird deshalb eine Kategorie, die nicht wieder in den Leib-Seele-Dualismus zurückführt und die zugleich alle metaphysischen Fragen vermeidet. Als Ausgangspunkt für einen integrativen anthropologischen Ansatz sind körperliche Eigenschaften ebenso ungeeignet wie die klassischen philosophischen Begriffe »Vernunft«, »Denken« oder »Bewusstsein«. Die Schlüsselkategorie soll vielmehr der Begriff des Handelns sein; der Mensch wird als ein handelndes Wesen konzipiert. Einen ähnlichen Weg ging auch der Pragmatismus; allerdings wurde ein anderer möglicher Ausgangspunkt, die Zeichenverwendung bzw. die Sprache, bei Peirce und Mead gleichrangig einbezogen.

Gehlen betont, dass alles beim Menschen »in seine Tätigkeiten verwickelt« ist (AG 4: 92); nicht nur Körperbewegungen und sinnliche Wahrnehmungen, selbst Bewusstsein und Denken lassen sich als Phasen oder Momente des Handelns deuten. Sprechakte und kontemplative Einstellungen müssen als Grenzfälle von Handlungen begriffen werden. Auch die Selbstbezüglichkeit, die die klassische Philosophie am Modell des Denkens entwickelt hat, wird nun der Handlung zugeschrieben. Dafür verwendet Gehlen das Konzept des Handlungskreises, mit dem er sich frühzeitig Grundgedanken der Kybernetik und der Systemtheorie nähert. Am Beispiel einer einfachen Handlung, etwa dem Probieren von Schlüsseln in einem Türschloss (A+S 18), beschreibt er Prozesse der Rückkopplung: Resultate, die eine Handlung in der Welt bewirkt, werden über sensorische Zwischenglieder an uns zurückgemeldet und führen (je nach Erfolg oder Misserfolg) zu neuen Handlungen.

Die vielen Einsichten und Kategorien, die er aus dem Grundbegriff der Handlung abzuleiten meint, sind Gehlen ein Beleg für die Fruchtbarkeit dieses Ansatzes. Einen weiteren Vorzug erwähnt er gar nicht: Mit dem Begriff der Handlung bleibt die Anthropologie der praktischen Philosophie, vor allem der Ethik bzw. Moralphilosophie, verbunden, die ja ebenfalls von Handlungen oder Handlungsnormen ausgeht. Weil die handlungstheoretische Begrifflichkeit immer ein Handlungssubjekt voraussetzt, ist Gehlens Anthropologie sogar implizit humanistisch. Dagegen führen die in den letzten Jahren einflussreichen Ansätze der Soziobiologie und Hirnforschung nur zu »subhumanen« Anthropologien – denn Gene und Gehirne sind keine moralischen Subjekte.

Zwei Fehler sind Gehlen jedoch anzukreiden: Erstens neigt er dazu, »Handlung« zu einem »Wesensbegriff« aufzuladen. Er kritisiert manchmal Reflexion und Innerlichkeit im Namen eines Aktivismus, der wohl als unreflektiertes Erbe seiner heroisch-existenzialistischen Phase anzusehen ist. Stattdessen ist daran zu erinnern, dass die Handlungstheorie nur das methodisch-analytische und somit wertneutrale Mittel der anthropologischen Forschung ist. Alle Kategorien der Anthropologie sind als offene Leitbegriffe anzusehen, die sich in systematischer Reflexion und empirischer Forschung zu bewähren haben. Umso schwerer wiegt der zweite Fehler: Man darf keine zu enge Handlungstheorie vertreten, also keinen Handlungstyp bevorzugen. In dem Buch *Der Mensch* ist mit »Handeln« ausdrücklich nur zweckrationales Handeln gemeint, also eine »auf die Veränderung der Natur zum Zwecke des Menschen gerichtete Tätigkeit« (A+S 17). Dagegen sind schon von Aristoteles, später u.a. von Max Weber und Hannah Arendt verschiedene menschliche Handlungsformen unterschieden worden.

Gehlen hat diesen Fehler selbst erkannt und in *Urmensch und Spätkultur* (1956) drei Handlungstypen eingeführt, denen jeweils ein Weltverhältnis korrespondiert. Allerdings sind die entsprechenden Ausführungen unklar und unsystematisch. Dennoch ergibt sich hier die Möglichkeit, kategoriale Verbindungen zwischen Gehlens Ansatzpunkt und Überlegungen seines Konkurrenten Helmuth Plessner herzustellen, der sehr einleuchtend zwischen drei Weltbezügen des Menschen differenzierte.[14] Als Brücke eignet sich die Kommunikationstheorie von Jürgen Habermas.[15]

1. Der objektive Weltbezug des Menschen richtet sich auf die Außenwelt. Deren Gegenstände erscheinen uns im Bewusstsein und wir können auf sie mit unseren Handlungen einwirken; als Körper sind wir selbst ein Gegenstand dieser raumzeitlichen Welt, als Leib bilden wir deren Zentrum.

2. Der intersubjektive Weltbezug des Menschen richtet sich auf die Mitwelt, die Plessner als die Sphäre des Geistes bezeichnet. Die Mitwelt hat keine raumzeitliche Struktur, sie umgibt den Menschen nicht. Vielmehr ist der Mensch als Person ein Glied der Mitwelt, die sich als intersubjektive Sphäre von Werten und Normen konstituiert, an denen er sich in seinen Handlungen zu orientieren hat.

3. Der subjektive Weltbezug des Menschen richtet sich auf die Innenwelt. Bei Plessner steht dafür der Begriff der Seele. Diese psychische Realität, zu der (wie Habermas sagt) das jeweilige Individuum einen privilegierten Zugang hat, hat wiederum eine andere Raum-Zeit-Struktur und ist uns durch subjektive Erlebnisse gegeben. Diese subjektiven Gegebenheiten können durch Handlungen ausgedrückt, aber auch angeregt oder unterdrückt werden.

Diese drei Weltbezüge dürfen nicht ontologisiert werden, indem man sie vorschnell mit äußerer Natur, Gesellschaft und innerer Natur gleichsetzt. Man kann z.B. einerseits die Gesellschaft bloß als eine Welt objektiv existierender Sachverhalte begreifen oder in ihr nur die Projektionsfläche seiner subjektiven Empfindungen sehen. Das sind gerade die beiden interessanten Fälle des strategischen Handelns und einer ästhetisch-expressiven Einstellung zum Sozialen. Andererseits kann (wie die Debatten der »angewandten Ethik« zeigen) der Kreis der Personen, die die Mitwelt bilden, enger und weiter gezogen werden; es können z.B. Menschengruppen (Neugeborene) aus- und Tiere (Schimpansen) eingeschlossen werden. Schließlich stellt sich in allen drei Weltbezügen die Geltungsfrage: hinsichtlich der Wahrheit der objektiv feststellbaren Tatsachen, der Legitimität der faktisch geltenden Normen und der Authentizität der subjektiven Erlebnisse.

Die drei Weltbezüge laufen in einem Punkt zusammen. Dieser existiert wiederum als Doppeltes, wie vor allem Plessner herausgestellt hat: »Mithin existiert der Mensch als die ihm selbst unbegreifliche Einheit von zwei ineinander nicht überführbaren Standorten, 1. der empirischen Raumzeitstelle, an der er auf der Erde als leibseelisches Wesen lebt, 2. der in seiner Subjektivität funktionierenden Vernunft, mit deren Hilfe er sowohl den ersten als auch den zweiten Standort und die Wesensdivergenz beider erfaßt.«[16] Die fundamentale Zerrissenheit menschlichen Daseins besteht zwischen Innen- und Außenperspektive, zwischen subjektiver und objektiver Selbstbetrachtung, die aber im prozeduralen Ich zu einer reflexiven Einheit gebracht werden können. Eine dialektische Terminologie trifft diese Konstellation am ehesten.[17] Zudem konstituieren sich Selbst- und Weltverhältnis gegenseitig, und das wiederum in drei Weltbezügen. Ich ist nur durch Anderes – und dieses nur durch mich, wobei die Einheit dieser Relationen wiederum im substanzlosen Ich zu finden ist.

Weder die dialektische Grundstruktur des Ich noch die Ausfaltung der drei Weltbezüge sind hier Thema. Aber in den nächsten Kapiteln soll diese Typologie zur Gliederung des Materials benutzt werden.

Grundpositionen der Anthropologie

Die anderen beiden Fragen, der Optimismus-Pessimismus-Streit und die Naturalismus-Kulturalismus-Kontroverse, lassen sich so zusammenführen, dass sich vier anthropologische Grundpositionen ergeben, denen man (selbstverständlich nicht ohne grobe Vereinfachungen) einige bedeutende Denker zuordnen kann. Dann werden die politisch-ideologischen Kämpfe deutlich, die seit der frühen Neuzeit auf diesem Feld ausgefochten worden sind.

In der ersten Runde konkurrieren zwei Konzepte einer invarianten menschlichen Natur. Thomas Hobbes (1588-1679) bestimmt den Menschen durch das Streben nach Selbsterhaltung und Macht; daraus ergibt sich der Kampf aller gegen alle – »homo homini lupus«. Dagegen nimmt sein Zeitgenosse Hugo Grotius (1583-1645) die natürliche Soziabilität des Menschen an, einen »appetitus societatis«. Diese Kontroverse wird im 18. Jahrhundert fortgesetzt; allerdings wird nun eine Geschichte der menschlichen Natur konzipiert. Jean-Jacques Rousseau (1712-1778) behauptet die Perfektibilität, die Vervollkommnungsfähigkeit des ursprünglich guten Menschen. In seiner Schrift über den Ursprung der Ungleichheit führt er aus, dass wir Menschen körperlich optimal organisiert sind und über die natürliche Tugend des Mitleids verfügen. Dagegen betont Immanuel Kant (1724-1804) erkenntnistheoretisch die Grenzen des Menschen, moralphilosophisch die Notwendigkeit, die natürlichen Neigungen zu unterdrücken, schließlich religionsphilosophisch das radikal Böse in unserer Gattung; »aus so krummem Holze, als woraus der Mensch gemacht ist, kann nichts ganz Gerades gezimmert werden«[18]. Im 19. Jahrhundert gibt die darwinsche Evolutionstheorie dem Streit ein neues Fundament. Zwei Exponenten dieser Runde sind Thomas Henry Huxley (1825-1895) und Fürst Peter Kropotkin (1842-1921). Huxley (der Großvater von Aldous und Julian) folgert aus Darwins Erkenntnissen, dass alle Menschen von Natur auf einen unerbittlichen Daseinskampf gegeneinander, ja auf Krieg ausgerichtet seien. Hingegen versucht der bedeutende anarchistische Theoretiker Kropotkin nachzuweisen, dass das Prinzip der »gegenseitigen Hilfe« sowohl im Tierreich als auch in der menschlichen Geschichte tief verankert sei.

Allerdings wächst die Zahl derjenigen, die den Menschen nicht durch Natur, sondern – im weitesten Sinne – durch Kultur bestimmt sehen: durch Erziehung, durch sein soziales Umfeld, durch gesellschaftliche Bedingungen. Auch hier lassen sich optimistische und pessimistische Varianten unterscheiden. Wenn Karl Marx (1818-1883) behauptet, dass die Menschen sich durch Arbeit selbst schaffen und das gesellschaftliche Sein unser Bewusstsein bestimme, dann vertritt er einen kulturalistischen Ansatz. Seine Perspektive ist optimistisch: Die totale Emanzipation und universale Entfaltung der Individuen ist möglich, wenn erst dafür die gesellschaftlichen Bedingungen geschaffen sind.

Die kulturalistischen Pessimisten glauben wie Marx, dass die Menschen nicht durch ihre Natur determiniert sind; aber darin liegt gerade das Problem: So begreift Friedrich Nietzsche (1844-1900) den Menschen als ein krankes Tier, ein Wesen, »das in höchst gefährlicher Weise den gesunden Thierverstand verloren hat«[19]. Die soziokulturellen Einflüsse, vor allem die Moral, haben die Menschen domestiziert und nivelliert; eine Erhöhung unserer Gattung kann sich nur in wenigen überragenden Einzelnen manifestieren. Ein auf wenige Namen beschränktes Tableau sieht also folgendermaßen aus:

	Optimismus	Pessimismus
Naturalismus	Rousseau	Hobbes
Kulturalismus	Marx	Nietzsche

Im 20. Jahrhundert vertreten u.a. Norbert Elias und Jürgen Habermas einen optimistischen Kulturalismus. Dagegen ist Arnold Gehlen dem pessimistischen Kulturalismus zuzurechnen. So ergeben sich der konträre Gegensatz zu Rousseau sowie die partiellen Übereinstimmungen mit Marx und Hobbes. Wie Hobbes ist Gehlen der Ansicht, dass die Menschen ihr Zusammenleben nicht selbst organisieren können; ohne stabile Institutionen wür-

den Gesellschaften zugrunde gehen. Wie für Marx ist für Gehlen das Überleben der Menschen nur durch gesellschaftliche Arbeit möglich; einige gehlensche Sätze könnten fast wörtlich von Marxisten stammen. Eine erbitterte Feindschaft verbindet ihn jedoch mit Rousseau bzw. den Rousseauisten. Der Satz »Zurück zur Natur« (A+S 59) fordert das Gegenteil dessen, was an der Zeit ist. Wenn wir unsere Kultur aufgeben, kommt es zu einer gefährlichen Instabilität und Entformung unseres Handelns; letztlich sind Überleben und Zusammenleben bedroht. Dabei ignoriert Gehlen nicht die biologische Ausstattung des Menschen, sein extremer Kulturalismus ist vielmehr biologisch begründet. Seine berühmte These lautet, dass »der Mensch von Natur ein Kulturwesen« ist. (M 80, M+HM 9, vgl. M 38, 122, AG 4: 253 u.ö.)

Durch ihre mangelhafte naturale Ausstattung seien die Menschen »biologisch zur Naturbeherrschung gezwungen« (A+S 48). Menschliches Dasein ist überhaupt nur möglich, weil wir die Natur überwunden haben; jede individuelle Biografie muss diesen Akt wiederholen. An die Stelle dessen, was bei den Tieren deren artspezifische Umwelt ist, tritt beim Menschen die Kultur, die Gehlen deshalb auch als »zweite Natur« bezeichnet. Dabei werden äußere und innere Natur transformiert in eine (wie Plessner sagte) natürliche Künstlichkeit. Weil es keine Menschen ohne Kultur gibt, lehnt Gehlen die Unterscheidung von Kulturmenschen und Naturmenschen ab; auch die Begriffe »Naturvölker« oder »Naturreligionen« sind mit seinen anthropologischen Prämissen nicht vereinbar.

Auf einer anderen Ebene liegt Gehlens These, dass »es eine vorkulturell faßbare menschliche Natur überhaupt nicht gibt« (U+S 104). Diese Behauptung ist nicht anthropologisch, sondern erkenntnistheoretisch zu verstehen: »Es ist keine Aussage des Menschen über sich selbst möglich, die unabhängig wäre von einer bestimmten kulturellen Ausprägung.« (U+S 104) Jedes

»Menschenbild« bezieht sich auf eine Epoche, eine Gesellschaft, einen pragmatischen Kontext usw.; alle anthropologischen Aussagen sind Konstruktionen. Allerdings darf man nun nicht in einem antinaturalistischen Fehlschluss[20] meta- und objektsprachliche Ebene verwechseln. Metasprachlich kann man einen totalen Kulturalismus vertreten, weil keiner der Begriffe, mit denen wir über die Natur sprechen, selbst eine Naturkategorie ist; alles ist gesellschaftlich vermittelt. Insofern ist unser menschliches Selbstverständnis auch nicht naturalisierbar. Aber das ist eine erkenntnis- oder metatheoretische Position; das Argument, der Begriff »Gen« sei ein spätes Konstrukt der Wissenschaftsgeschichte, trifft zu, macht aber nicht dasjenige, was dieser Ausdruck bezeichnet, zu einem kulturellen Produkt. Die anthropologische und insofern objektsprachliche Fragestellung, wieweit wir durch Natur bestimmt sind, kann so nicht unter den Teppich gekehrt werden.

Als Anthropologe hat der späte Gehlen seinen Kulturalismus abgeschwächt; sowohl in *Urmensch und Spätkultur* als auch in *Moral und Hypermoral* wird den naturalen Komponenten in den menschlichen Handlungsmustern mehr Einfluss zugebilligt. Zwar hat Gehlen nie bestritten, dass es Reste der ersten Natur gibt. In der ersten Auflage der Schrift *Der Mensch* findet sich ein eigenes Kapitel über die »Erblichkeit der Wesensart« (AG 3: 695-703), in dem u.a. die Angeborenheit von Intelligenz oder von besonderen Begabungen wie Musikalität behauptet wird. Aber in dieser wie in späteren Fassungen betont Gehlen, dass bestenfalls gewisse Formen, niemals inhaltliche Orientierungen vererbt werden; vor allem sei der Charakter immer ein gesellschaftliches Produkt. (M 379, vgl. AG 3: 854) Nach dem Zweiten Weltkrieg schwächt er seine These ab, dass es keine biologisch verankerten Antriebe gebe; dabei weist er vor allem auf den Aggressionstrieb hin. Alle naturalen Anlagen seien aber, wie er mit einem Eibl-Eibesfeldt-Zitat feststellt, »weniger feste Verhaltensmuster als angeborene Antriebe und Lerndispositionen« (AG 4: 219). In einem 1968 veröffentlichten Aufsatz schreibt Gehlen, dass in der weltkonstituierenden Aktivität des Menschen »keine Einzelheit angeboren, jede plastisch und beweglich ist« (AG 4: 209). Sonst könne man nicht erklären, warum die Menschen in so verschiedenen Sozialformen leben.

Hingegen verschärft sich Gehlens pessimistische Sicht der Dinge. Beim späten Gehlen sind die Menschen nicht nur schwach und unvollkommen, sondern auch böse. Als Beleg führt er die menschliche Aggressivität an. Der »Urmensch« zeichne sich durch Grausamkeit, Mord und Inzest aus; darüber hinaus verweist Gehlen mehrfach auf Indizien für Kannibalismus (Anthropophagie) in archaischen Gesellschaften. Der Aggressionstrieb konnte nur durch starke Institutionen gebändigt werden. Da diese sich in der Moderne auflösen, zudem die Abfuhrmöglichkeiten durch harte körperliche Arbeit wegfallen, trete die menschliche Aggressivität wieder deutlicher hervor. (A+S 60f.) Gehlens Fazit lautet deshalb: »Jede Ideologie einer ›heilen Welt‹, auch in die Zukunft verlegt, ist [...] abwegig.« (AG 4: 230) Seine pessimistische Sicht des Menschen und seine These von unserer defizitären biologischen Ausstattung bringt Gehlen im Ausdruck »Mängelwesen« auf den Punkt.

4. Der Mensch – ein Mängelwesen?

Der Streit, ob der Mensch in seiner natürlichen Ausstattung ein vollkommenes oder ein unvollkommenes Wesen ist, lässt sich bis in die Antike zurückverfolgen. Anaximander weist darauf hin, wie lange der neugeborene Mensch auf mütterliche Pflege angewiesen ist; in Platons frühem Dialog *Protagoras* behauptet der gleichnamige Sophist (im Rahmen einer Neufassung des Prometheus-Mythos) die mangelhafte natürliche Ausstattung des Menschen. Dagegen richtet sich Aristoteles in seiner Schrift *Über die Teile der Tiere.*[21]

Gehlen greift nicht so weit zurück, sondern bezieht sich zum einen auf Herder, der von den grundlegenden »Mängeln« der menschlichen Natur gesprochen hat[22], und zum anderen auf Nietzsche, der den Menschen als »das missrathenste Thier« bezeichnete.[23] Während früher das Göttliche oder das reine Vernunftwesen als Maßstab diente (und heute vielleicht der perfekte Computer), wird der Mensch nun mit dem Tier verglichen. Aus dieser Kontrastierung entspringt Gehlens zentrale anthropologische These von der defizitären biologischen Ausstattung des Menschen. Ausgerechnet bei unserer Gattung habe sich die Evolution einen Fehltritt geleistet; die Natur hat für die Menschengattung nicht wie eine liebevolle Mutter gesorgt, sie vielmehr wie eine böse Stiefmutter vernachlässigt. Insofern wird der alte Topos von der Sonderstellung des Menschen in der Natur gerettet, aber in pessimistischer Umkehrung.

Für Gehlen ist der Mensch ein »riskiertes« oder »monströses Wesen« (M 36), das ständig ums Überleben kämpfen muss;

Selbsterhaltung ist die erste Pflicht. In keinem anderen Ausdruck wird dies so gut zusammengefasst wie in dem des »Mängelwesens«; kein anderer seiner Begriffe ist gleichermaßen in die philosophische und wissenschaftliche Fachsprache eingegangen. Wie beim Begriff der Handlung ist dessen methodisch-analytischer Stellenwert zu beachten. Gehlen selbst hat darauf hingewiesen, dass er nicht als »Substanzbegriff« zu verstehen sei. (M 20) Das Wesen des Menschen werde damit nicht ausgesprochen. Der Begriff »Mängelwesen« soll, wie Gehlen in einem Brief vom 24.7.1969 schreibt, »keine strenge wissenschaftliche Bezeichnung sein [...], nur eine Denkhilfe für sehr komplexe Zusammenhänge« (AG 3: 763).

Auch der Tier-Mensch-Vergleich kann leicht missverstanden werden: Im Unterschied zu Scheler und Plessner will Gehlen gerade keine umfassende Philosophie des Lebendigen entwickeln, sondern den Menschen aus sich selbst begreifen. (M 10) Ohnehin beruhen die üblichen Vergleiche von Mensch und Tier auf dem Fehler, Millionen von Arten unter dem Oberbegriff »Tier« zusammenzufassen und einer Art, nämlich dem Homo sapiens, gegenüberzustellen. Auch metaphysische Seinshierarchien und biologische Stufenschemata werden von Gehlen abgelehnt, weil mit ihnen die Ansicht verbunden ist, durch den hierarchischen Aufbau des Lebendigen komme beim Menschen die Eigenschaft x hinzu, die dann unser Wesen ausmache. Warum sollten wir unsere Identität aus diesem Differenzpunkt zu Tieren gewinnen? Gehlen sucht vielmehr nach einem »durchlaufenden Strukturgesetz« (M 23), das sich in allen menschlichen Leistungen zeigt. Eben als solches dient die Entlastungsregel.

Sinnvoll ist sicher der Blick auf unsere nächsten Verwandten im Tierreich, vor allem die Menschenaffen; aber auch diese Vergleiche dienen nicht einer komparativen Ethologie (wie sie Lorenz anstrebte), sondern der philosophisch-anthropologischen

Reflexion. Das Tier ist nur ein Umweg, über den ich mir meiner selbst als Mensch bewusst werde. Diesen Einschränkungen wird hier dadurch Rechnung getragen, dass das Wort »Mängelwesen« immer in Anführungsstrichen steht.

Aus der großen Gruppe von Autoren seiner Zeit, die ebenfalls eine pessimistische Anthropologie vertreten haben, hebt sich Gehlen dadurch hervor, dass er eine Fülle von Argumenten zusammenträgt, um seine Konzeption begrifflich und empirisch zu begründen. Im Ausdruck »Mängelwesen« wird ein komplexes Gewebe von verschiedenen Argumentationslinien zusammengefasst. Dieses Netz gilt es herauszuarbeiten und zu überprüfen; dafür ist es notwendig, sowohl das philosophische Umfeld zu durchleuchten als auch auf die empirischen Theorien seiner wichtigsten biologischen Gewährsleute einzugehen.

Zunächst ist die These von der biologischen Sonderstellung des Menschen zu erörtern, die sich analytisch vom »Mängelwesen«-Konzept unterscheiden lässt. Sodann werden drei Begründungen überprüft, die sich den oben eingeführten Weltbezügen zuordnen lassen. In dreierlei Hinsicht, so lässt sich Gehlens elementare Anthropologie reformulieren, ist der Mensch unzureichend ausgestattet: 1. Wir Menschen sind »Mängelwesen« im objektiven Weltbezug, weil wir in keine Umwelt eingepasst sind und unser Verhältnis zur Außenwelt selbst aufbauen müssen. Der entscheidende Begriff ist »Weltoffenheit«. 2. Wir Menschen sind »Mängelwesen« im intersubjektiven Weltbezug; der Grund ist der Verlust instinktiver Verhaltensweisen, vor allem gegenüber unseren Artgenossen (»Instinktreduktion«). 3. Wir Menschen sind »Mängelwesen« im subjektiven Weltbezug, da wir einen »Antriebsüberschuss« zu bewältigen haben.

Dieses Kapitel wird mit einem kritischen Fazit enden, in dem einige Gedanken Gehlens weiterentwickelt werden, an die eine philosophische Anthropologie heute anschließen könnte.

Gibt es eine biologische Sonderstellung des Menschen?

Gehlen behauptet, der Mensch sei ein biologisches Sonderproblem. Wir seien ein »Sonderentwurf« der Natur, ein in kosmologischer Hinsicht äußerst unwahrscheinlicher Zufall, evolutionstheoretisch nur durch besondere Zusatzfaktoren erklärbar. Viele der Ausführungen, mit denen Gehlen diese These begründet, etwa zur Abstammungsfrage im ersten Teil seiner Schrift *Der Mensch* oder zu den Fähigkeiten der Tiere, sind längst von der biologischen Forschung überholt und wirken heute antiquiert.[24] Aber es finden sich auch interessante Gedanken, die immer noch Aufmerksamkeit verdienen. Das betrifft vor allem Gehlens Überlegungen zur stammesgeschichtlichen und individualgeschichtlichen Entwicklung des Menschen, also zu Phylogenese und Ontogenese. In beiden Dimensionen gebe es, so behauptet er, eine Sonderstellung des Menschen.

Der Mensch – das unreife Wesen

Eine von Gehlens wichtigsten Annahmen ist, dass im ontogenetischen Reifungsprozess des Menschen frühe phylogenetische Stadien festgehalten werden. Auf diesen merkwürdigen Sachverhalt ist er durch den niederländischen Anatomen Louis Bolk aufmerksam geworden. In seiner Schrift *Probleme der Menschwerdung* (1926) behauptet Bolk, dass wir unsere Existenzform einer ungewöhnlichen Entwicklungsverzögerung (Retardation) verdanken. Heute wird für dieses Phänomen meist der Begriff der Neotenie verwendet.

Bolk geht von der Beobachtung aus, dass neugeborene Affen (etwa Schimpansen) in ihrer Morphologie den Menschen relativ ähnlich sind. Antlitz und Kopfform von Affenkindern finden wir ausgesprochen niedlich, nämlich menschenähnlicher als bei ihren älteren Artgenossen. Die bekannte Affenschnauze prägt sich erst im Laufe der Jahre aus, wenn Kiefer und Gesicht nach vorne gewachsen sind. Bolk meint nun, dass die Entwicklung des Affen normal verlaufe, beim Menschen dagegen eine extreme Verzögerung vorliege. Die wichtigste Folge dieser Retardation sei die »Fetalisierung« der menschlichen Morphologie: Embryonale Zwischenstadien werden lange beibehalten, z.B. verschließen sich die Schädelnähte erst nach über zwanzig Jahren endgültig; einige fötale Zustände werden sogar zu permanenten, etwa das Fehlen eines geschlossenen Haarkleides. Bolks Formulierung vom Menschen als »geschlechtsreif gewordenem Affenembryo« (M 118) findet Gehlen allerdings übertrieben.

Er stützt sich ohnehin nicht allein auf die Indizien von Bolk, sondern wendet die Retardationstheorie auf andere Phänomene an, um den gesamten menschlichen Lebenslauf als verlangsamte Entwicklung zu deuten. Das bezieht sich auf die extrem lange Kindheit und Jugend, besonders das Stadium der Pubertät, sowie die Lebensphase des Alters, die dem Menschen noch bevorsteht, wenn seine Reproduktionsfunktionen schon erfüllt sind. Neugier und Spielfreude zeigen viele Tiere während der Kindheit, nur beim Menschen bleiben sie bis ins hohe Alter erhalten.

Damit widerspricht die Neotenie der alten Annahme, dass die Individuen die Entwicklung der Gattung nachvollziehen müssten. Diese Hypothese findet sich bezogen auf die Kulturgeschichte u.a. bei Hegel[25], bezogen auf die Naturgeschichte als »biogenetische Regel« bei Haeckel. Demnach wird in der Ontogenese gewissermaßen im Zeitraffer die Phylogenese rekapituliert; späte ontogenetische Stadien entsprechen den spätesten, komplexesten phylogenetischen Phasen. Dagegen bewirkt die Neotenie, dass die Ontogenese die Phylogenese abbremst. Frühe Stadien werden vom Menschen nicht schnell durchlaufen, im Gegenteil: Nahe verwandte Tiere zeigen im Alterungsprozess Merkmale, die beim Menschen sehr viel später oder gar nicht auftreten. Wesensmerkmal des Menschen ist nicht seine Schnelligkeit, sondern seine Langsamkeit.

Auch die Phylogenese des Menschen wird verlangsamt. Das gelte vor allem in morphologischer Hinsicht, für die Organausstattung des Menschen, die Gehlen als »primitiv« bezeichnet, weil sie nach seiner Ansicht Merkmale festhält, die von verwandten Tieren im Laufe der Naturgeschichte längst weiterentwickelt worden sind. Wenn es stimmt, dass die Evolution zu immer stärkeren Differenzierungen führe und der Mensch sich (wie Gehlen behauptet) gerade nicht durch besondere Spezialisierungen auszeichne, folgt logisch, dass der Mensch auf einer früheren phylogenetischen Stufe stehen geblieben ist. Auch in stammesgeschichtlicher Hinsicht werden vom Menschen »Kindheitsstadien« beibehalten. Der Mensch – das ewige Kind.

Kann man mit diesen Argumenten die zentrale These stützen, dass der Mensch eine Sonderstellung in der Natur besitzt? Zugegebenermaßen hat Gehlen mit dem Neotenie-Konzept einen interessanten Punkt getroffen, der heute von einigen Biologen als wichtiger Faktor der stammesgeschichtlichen Entstehung des Menschen angesehen wird.[26] Die offensichtlichen Unterschiede zwischen Menschen und Schimpansen beruhen nach dieser Theorie nicht auf der biochemischen oder molekulargenetischen Ausstattung (die ja zu 99 % identisch ist), sondern auf dem Zeitplan, nach dem diese biologischen Programme ablaufen. Gehlen vermutet mit Bolk Funktionsstörungen im endokrinen System. Der Mensch ist ein hormonell krankes Tier, so lautet diese Weiterführung von Nietzsche. Heute müsste man biochemische Faktoren dieser Art wiederum auf das Wirken von Genen zurückführen.

Einige Einschränkungen sind allerdings zu machen. Erstens darf das Neotenie-Prinzip nicht überschätzt werden. Viele Merkmale der menschlichen Morphologie unterliegen keiner Entwicklungsverzögerung. Die Proportion zwischen Rumpf und Extremitäten entspricht bei den Affen viel stärker ihrem fötalen Zustand als bei den Menschen (M 122); besonders die Entwicklung der Beine erfährt beim Menschen eine Beschleunigung.[27] Zweitens sind viele neotene Merkmale offensichtlich weniger biologisch als gesellschaftlich bedingt; z.B. ist die Verlängerung der Jugendphase typisch für demokratische Wohlstandsgesellschaften. Aber selbst wenn man dem Neotenie-Konzept eine große Bedeutung beimisst, ergibt sich aus solchen Entwicklungsverzögerungen keine Sonderstellung des Menschen. Ähnliche Phänomene sind inzwischen bei vielen Pflanzen und Tieren entdeckt worden; wie Gehlen weiß (M 113), ansatzweise auch bei den großen Affen. Neotenie entzieht sich zudem nicht den üblichen evolutionstheoretischen Erklärungen, weil sie unter bestimmten Bedingungen ein phylogenetischer Vorzug sein kann.

Der Mensch – eine Frühgeburt

Darüber hinaus, so behauptet Gehlen, bestehe eine »Sonderstellung des Menschen in ontogenetischer Hinsicht« (M 44, vgl. 58 f., AG 4: 116). Er beruft sich auf Überlegungen zur frühkindlichen Entwicklung, die der Schweizer Biologe Adolf Portmann (1897-1980) vorgelegt hat.

Portmann will ebenfalls nachweisen, dass der Mensch »als Ganzes ein Sonderfall« ist.[28] Er beschäftigte sich intensiv mit Schwangerschaft, Geburt und den ersten Lebensmonaten von Menschen und vergleichbaren Säugetieren. Zu diesem Zweck wird von ihm eine dichotomische Typologie konstruiert, die sich metaphorisch an die Vogelwelt anlehnt.

Als Nesthocker können Insektenfresser, Nagetiere und kleine Raubtiere wie Marder eingestuft werden. Die Tragzeiten sind kurz (20 bis 30 Tage); bei einem Wurf werden viele Junge zur Welt gebracht (5 bis 22). Bezeichnend ist deren hilfloser Zustand nach der Geburt. Die Jungen sind unbehaart, Augen und Ohren verschlossen, sie können sich noch nicht fortbewegen oder gar selbst ernähren. Deshalb müssen sie lange von ihren Eltern gehütet und versorgt werden. Ein kleines Eichhörnchen öffnet erst nach etwa dreißig Tagen die Augen.

Den Nestflüchtern werden von Portmann die Huftiere, Wale und Affen zugeordnet. Deren Junge durchlaufen schon im Mutterleib das Nesthockerstadium. Die Tragzeit ist länger, die Nachkommenzahl niedrig; bei allen größeren Affen wird pro Wurf nur ein Junges zur Welt gebracht. Die neugeborenen Jungen besitzen leistungsfähige Sinnesorgane, können sich selbstständig bewegen und mit den Muttertieren kommunizieren. Ein Elefantenbaby kann schon nach einer Stunde stehen und laufen.

Die Menschen bilden, darauf zielt Portmanns Darstellung, eine Ausnahme; sie passen in keine der beiden Schubladen. Eigentlich gehört der Mensch in die Gruppe der Nestflüchter: Es wird nur ein Kind ausgetragen; die Sinne der neugeborenen Babys sind schon empfangsbereit. Besondere Aufmerksamkeit widmet Portmann der Entwicklung des Gehirns. Bei extremen Nesthockern wie Bären beträgt das Hirngewicht bei der Geburt nur 2 % des ausgereiften Stadiums, dagegen bei typischen Nestflüchtern wie Antilopen 50 %. Beim Menschen liegen mit ca. 30 % Nestflüchter-Werte vor. Jedoch ähnelt der neugeborene Mensch in anderer Hinsicht eher den Nesthockern. Erst nach etwa einem Lebensjahr befindet sich ein menschliches Kleinkind in einem Entwicklungsstadium (z.B. in Bezug auf Körperhaltung und Kommunikationsfähigkeit), das dem der Nestflüchter bei der Geburt entspricht. Eigentlich müsste die Schwangerschaft also 21 Monate dauern! Jedes Kind kommt rund ein Jahr zu früh auf die Welt, der Mensch ist eine »physiologische Frühgeburt«. Die ersten zwölf Lebensmonate bezeichnet Portmann deshalb als »extra-uterines Frühjahr«. Die Dauer und Intensität, mit der die Neugeborenen geschützt und versorgt werden müssen, entspricht derjenigen, die bei den Nesthockern üblich ist. Portmann und Gehlen kommen zu dem Schluss: Die Menschen bilden als »sekundäre Nesthocker« einen Sonderfall.

Ähnliche Beobachtungen finden sich bei einem Konkurrenzunternehmen zur Philosophischen Anthropologie, der Psychoanalyse. Auch Freud erkannte »die lang hingezogene Hilflosigkeit und Abhängigkeit des kleinen Menschenkindes. Die Intrauterinexistenz des Menschen erscheint gegen die der meisten Tiere relativ verkürzt; er wird unfertiger als diese in die Welt geschickt. Dadurch wird der Einfluß der realen Außenwelt verstärkt.«[29] Ein unorthodoxer Vertreter der Psychoanalyse wie Alexander Mitscherlich konnte sich später explizit auf Freud und auf Portmann beziehen.[30]

Dennoch ist die Typologie Portmanns schief und kein Beleg für die These von der Sonderstellung des Menschen. Es spricht vieles dafür, die Affen und die Menschen zusammenzufassen zu einer eigenen Kategorie, den »Mutterhockern« oder »Traglingen«.[31] Damit ist gemeint, dass die neugeborenen Artgenossen die erste Lebensphase am Mutterleib verbringen.

Die meisten Affen sind aktive Traglinge, sie können sich aus eigener Kraft an der Mutter festklammern. Dagegen sind Menschenkinder passive Traglinge, denn sie müssen, obwohl bei Babys Reste eines Klammerreflexes vorhanden sind, von ihrer Mutter festgehalten werden. Schon bei den großen Menschenaffen, vor allem den Gorillas, ist mütterliche Unterstützung notwendig. Mit den Menschen haben die Gorillas noch eine weitere Gemeinsamkeit; denn auch diese Menschenaffen sind bei ihrer Geburt völlig hilflos. Die Ursachen sind dieselben wie bei uns:

Der große Kopf der Babys passt nach mehr als neun Monaten nicht mehr durch den schmalen Beckenring der Mutter; auch dem Stoffwechsel mit der Mutter sind Grenzen gesetzt – deshalb die frühe Geburt. Beim Menschen wird nur ein evolutionärer Trend der Primatenreihe fortgesetzt. Gehlen hat die Diskontinuität überbetont; eine Sonderstellung des Menschen in ontogenetischer Hinsicht liegt nicht vor.

Dennoch sind die angeführten Überlegungen von größter Bedeutung, weil sie einen wichtigen Baustein bilden, um die Naturalismus-Kulturalismus-Kontroverse zu entschärfen. Die frühe Hilflosigkeit des Menschen führt nämlich zu einer Verschränkung der somatischen und der psychosozialen Entwicklung. Das drückt sich in dem Umstand aus, dass wir (metaphorisch gesprochen) nicht einmal, sondern zweimal geboren werden. Nach der neunmonatigen Intrauterinexistenz folgt eine Lebensphase, die der Mensch in einem sozialen Uterus verbringt. In diesem wird das Kind zu Ende geboren. Diese psychosoziale oder zweite Geburt des Kindes dauert erheblich länger als das »extra-uterine Frühjahr«, je nach Definition mehrere Jahre oder sogar Jahrzehnte.

In einer Lebensphase, in der wir extrem offen und veränderbar sind, wirken auf uns äußere Reize, besonders soziale Einflüsse. Mindestens seit der Geburt sind die leibliche und die seelische Entwicklung miteinander verknüpft, bis hin zur Schaltung der neuronalen Bahnen. Alle Reifungsprozesse, vom Gehenlernen über das Sprechenlernen bis zur kognitiven und moralischen Entwicklung, spielen sich durchgängig in einem sozialen Rahmen ab; nur durch die zwischenmenschlichen Interaktionen entwickeln sich überhaupt die entsprechenden Anlagen.

Aber nicht nur Natur und Kultur sind beim Menschen verschränkt, sondern auch das Individuelle und das Soziale. Das wird von Gehlen zu wenig beachtet. Sein anthropologischer Ansatz, der die Entwicklung eines isoliert gedachten Menschen in den Blick nimmt, verfehlt die »conditio humana«. Im Normalfall steht kein Säugling je allein; er wird von einer Mutter geboren, deren Fähigkeiten den seinen komplementär sind. Diese Mutter-Kind-Dyade ist darüber hinaus in größere soziale Zusammenhänge eingebettet. Einer der entscheidenden Vorgänge, die zur Menschwerdung führten, ist die Eingliederung des Vaters in die Mutter-Kind-Dyade, die »Familialisierung des Mannes«[32]. Dadurch bilden sich erst die komplexen Verwandtschaftssysteme, die man noch bei einigen archaischen Gesellschaften studieren kann. Innerhalb dieser hat jedes Mitglied seinen besonderen Platz und muss mehrere soziale Rollen übernehmen – man ist z.B. zugleich Vater, Ehemann, Sohn, Bruder usw. Individuierung und soziale Interdependenzen gehen Hand in Hand.

Mit der Bildung sozialer Gruppen wird die Distanz von der äußeren Natur vergrößert. Das nennt Claessens »Insulation gegen selektive Pression«. Um den natürlichen Selektionsdruck abzuschwächen, bilden die Menschen »Inseln«, nämlich soziale Verbände.[33] Die Entwicklung der Menschengattung ist überhaupt nicht auf der Ebene des isoliert gedachten biologischen Individuums zu begreifen, sondern nur auf der Ebene von Populationen, von sozialen Gruppen. Für diese These spricht auch die anthropologische Bedeutung der Sprache, die ein irreduzibel soziales Phänomen ist.

Dass Gehlen die Hilflosigkeit des neugeborenen Kindes als Beleg für seine »Mängelwesen«-These deutet, ist somit insgesamt als voreilig zu beurteilen. Zudem darf die absolute Hilflosigkeit des Kleinkinds, die es auf andere Menschen angewiesen sein lässt, nicht mit der relativen Hilflosigkeit jedes Menschen verwechselt werden, der in arbeitsteiligen Zusammenhängen lebt, im Extremfall jedoch auch als Einsiedler überleben könnte.

Als Fazit kann festgehalten werden, dass weder in phylogenetischer noch in ontogenetischer Hinsicht für uns besondere Gesetze gelten. Die folgenden Kapitel werden zeigen, dass es auch im Verhaltensbereich beträchtliche Gemeinsamkeiten zwischen der Menschengattung und unseren nächsten Verwandten gibt. Keine Kluft tut sich zwischen uns und den Tieren auf; zu konstatieren sind lediglich (genau wie es Charles Darwin behauptete) graduelle Unterschiede. Die These von der biologischen Sonderstellung des Menschen muss aufgegeben werden.

Selbstverständlich kann niemand die Besonderheiten der Menschengattung leugnen. Mit den Menschen sind in der Evolution qualitativ neue Eigenschaften aufgetreten – aber dies passierte schon öfter in der Naturgeschichte, bei vielen anderen Arten. Später erkannte auch Gehlen, dass er auf dem Holzweg gewesen war. An Lorenz schreibt er am 19.12.1973: »Unser altes Problem ›Sonderstellung des Menschen‹ ist nun wohl obsolet geworden, denn eine analoge Sonderstellung hatten auch Archäopterix und die ersten Lungenfische usw.« (AG 3: 871) In gewisser Weise besitzt sogar jede Art spezifische Eigenschaften, weshalb es angemessener und weniger überheblich ist, von der Einzigartigkeit der Spezies Mensch zu sprechen, einer Einzigartigkeit jedoch, die (wie das Wort schon ausdrückt) jeder Art zukommt.

Theoriegeschichtlich lässt sich diese Schwäche von Gehlens Ansatz dadurch erklären, dass er (wie Scheler und Plessner) der darwinschen Theorie uninteressiert bis kritisch gegenübersteht. Anthropologie und Geschichtsphilosophie bildeten immer einen Gegensatz; diese Intimfeindschaft wird von der deutschen Philosophischen Anthropologie auf die Evolutionstheorie ausgedehnt. In anderer Hinsicht gleicht die Konstellation übrigens derjenigen im ersten Drittel des 19. Jahrhunderts: Meinten die deutschen Philosophen damals, Newton sei durch Goethes Farbenlehre widerlegt, so gilt dieses nun für Darwin durch Driesch, Uexküll u.a. – wieder ein deutscher Sonderweg, der mühsam korrigiert werden musste. Gehlen wäre dies nach 1945 möglich gewesen, wenn er die synthetische Evolutionstheorie (Dobzhansky, J. Huxley, Rensch u.a.) energischer rezipiert hätte.

Dagegen hat der Pragmatismus die philosophische Relevanz des Darwinismus bald erkannt: Die Evolutionstheorie zwingt die Anthropologie zu einer revidierten Begrifflichkeit. Nicht nur teleologische, auch statische Kategorien sind unangemessen; hingegen betonen Ausdrücke wie »Metamorphose« (Goethe), »Umschlag von Quantität in Qualität« (Engels), »Emergenz« (Popper) oder »Fulguration« (Lorenz) zu sehr die Brüche. Tatsächlich gibt es keinen Tier-Mensch-Gegensatz, sondern ein breites Übergangsfeld, dessen Durchquerung einige Jahrmillionen dauerte. Dabei entwickelte sich aus anthropoidenähnlichen Primaten in vielen kleinen Schritten der Homo sapiens. Als Metakategorien für (naturgeschichtliche) Prozesse eignen sich deshalb nicht »Diskontinuität« und »Gegensatz«, vielmehr »Kontinuität« und »Wechselwirkung«.[34]

Die Beliebtheit der Sonderstellungsthese mag übrigens damit zusammenhängen, dass sie den kollektiven Narzissmus der Menschengattung befriedigt. Wer möchte nicht gern etwas Besonderes sein? Wenn wir schon nicht die »Krone der Schöpfung« sind, dann doch wenigstens der einzige »Irrläufer der Evolution« (wie es später bei Arthur Koestler heißt). Zudem enthebt sie die Philosophen und Sozialwissenschaftler der intensiven Beschäftigung mit der Naturgeschichte des Menschen sowie seiner biologischen Ausstattung.

Weltoffenheit

Hinsichtlich unseres Verhältnisses zur Außenwelt lautet Gehlens anthropologische These: Wir Menschen sind weltoffene Wesen, wir besitzen keine angeborenen Reizselektionsmuster; deshalb müssen (und können) wir uns die Muster unseres Zugangs zur objektiven Welt selbst aufbauen. Die einzelnen Schritte dieser Argumentation seien schon einmal genannt: 1. In morphologischer Sicht erscheint der Mensch als ein Wesen ohne organische Spezialisierung. 2. Dieser Umstand verweist auf unsere fehlende Umweltgebundenheit. Gehlen bezieht sich in diesem Zusammenhang auf Uexküll. 3. Die entscheidende Kategorie für unseren objektiven Weltbezug ist der Begriff der Weltoffenheit. 4. Auf dieser Grundlage entwickelt Gehlen eine Position, die als pragmatischer Konstruktivismus bezeichnet werden kann.

Die organische Unspezialisiertheit des Menschen

Gehlen formuliert die »Mängelwesen«-These zunächst auf der morphologischen Ebene: Wir Menschen sind »Mängelwesen«, weil wir im Gegensatz zum Tier über keine spezialisierten Organe verfügen. Diese Behauptung steht in der Erstauflage des Buchs *Der Mensch* im Vordergrund; dort heißt es apodiktisch: »Ein jedes Tier ist also morphologisch spezialisiert« (AG 3: 514) – nicht aber der Mensch.

Für die These, der Mensch besitze keine spezialisierten Organe, werden oft unsere geringen sensorischen und motorischen Fähigkeiten angeführt. Dass wir in dieser Hinsicht mit den Tieren nicht mithalten können, lässt sich durch viele Beispiele belegen, die manchmal fast sprichwörtliche Verbreitung haben, etwa der scharfe Blick des Adlers, der feine Geruchssinn des Hundes, die Schnelligkeit einer Gazelle. Zudem gibt es nicht nur Tiere, die uns bei vergleichbaren Fähigkeiten übertreffen, sondern auch solche, die über Möglichkeiten verfügen, die wir gar nicht besitzen, z.B. im sensorischen Bereich. Einige Vogelarten können sich am Magnetsystem der Erde orientieren, einige Haie elektrische Felder wahrnehmen.

Dennoch steht es um die morphologische Ausstattung des Menschen nicht so schlecht, wie es im ersten Moment aussieht. Erörtert sei exemplarisch nur ein Beleg, den Gehlen anführt (M 33): Er weist darauf hin, dass uns Menschen ein natürliches Haarkleid und damit der Witterungsschutz fehlt. Wir müssen frieren und unsere Haut ist besonders verletzungsanfällig; neugeborene Kinder können sich schlechter an der Mutter festhalten. Der Mensch – ein »nackter Affe«. Dagegen ist Folgendes zu sagen. Zunächst einmal ist die Zahl der Haarwurzeln nicht geringer, aber das Haar ist viel kürzer als bei den nahe verwandten Menschenaffen. Sodann hat der menschliche Körper zwei bis fünf Millionen Schweißdrüsen entwickeln können; deshalb leiden wir nicht so schnell an Überhitzung und sind körperlich (vor allem im Ausdauerbereich) leistungsfähiger. Die Zahl der sensorischen Rezeptoren wird gesteigert, insbesondere an den Handflächen und Fingerspitzen; Gehlen schreibt selbst, dass zum Vorteil des Menschen »der ganze Leib eine Sinnesfläche« ist (M 44, vgl. 107, AG 4: 92). Zudem bietet das haarlose Gesicht mehr Möglichkeiten für mimische Kommunikation. Weil schließlich neugeborene Kinder getragen werden müssen, intensiviert sich die Zuwendung der Mutter. Den Nachteilen steht also eine Reihe von Vorzügen entgegen.

Allein durch morphologische Argumente lässt sich die »Mängelwesen«-These nicht beweisen. Vergleiche der körperlichen Leistungsfähigkeit zwischen Menschen und irgendwelchen Tieren – wie sie auch Lorenz anstellte – gehen am entscheidenden Punkt vorbei. Das hat Gehlen selbst klar herausgearbeitet, und zwar an einem wichtigen Argument, das gegen die These, der Mensch sei ein morphologisches »Mängelwesen«, vorgebracht wurde. Ist nicht unser Gehirn, vor allem das stark entwickelte Großhirn mit dem Neocortex, ein besonders leistungsfähiges Spezialorgan? Gehlen bestreitet nicht, dass unser Gehirn mit vermutlich über zehn Milliarden Hirnrindenzellen und hundert Billionen Nervenverbindungen einer der komplexesten Gegenstände des Universums ist. Die außerordentliche Leistungsfähigkeit des Gehirns steht außer Zweifel. Trotzdem hält er an der Behauptung fest, dass es kein Beispiel für ein Spezialorgan sei.

Erstens dürfe das Gehirn nicht isoliert betrachtet werden. Entscheidend ist das Zusammenspiel mit den Händen. Man könnte darüber spekulieren, ob die Wale in der Evolution deshalb hinter den Menschen zurückblieben, weil diese hoch entwickelten Meeressäuger nicht über solche Extremitäten verfügen; denn ihre Gehirne sind z.T. feiner und komplexer gebaut als unsere. Das Gehirn ist deshalb kein Spezialorgan, weil es allein zu fast gar nichts taugt; als »Hirne im Tank« (Hilary Putnam) wären wir Menschen in der Naturgeschichte nicht weit gekommen. Gehlens Argument ist also, dass die enorme Gehirnentwicklung beim Menschen ohne den entsprechenden morphologischen »Unterbau« nicht möglich gewesen wäre. Zeitlich liegen die anatomischen Veränderungen, die bei unseren Vorfahren zum aufrechten Gang oder zu unserer Hand führten, der Zerebralisierung weit voraus: Der aufrechte Gang begann vor über dreieinhalb Millionen Jahren, das Schädelvolumen von 1000 cm^3 wurde erst vor ca. 500 000 Jahren überschritten.

Zweitens ist das Gehirn kein Spezialorgan, weil es flexibel und vielfältig genutzt werden kann; das Gehirn ist das Organ »für alle Zwecke« (AG 4: 87). Aristoteles war dieser Einsicht nahe, als er sagte: »wie die Hand das Werkzeug aller Werkzeuge ist, so ist der Geist die Form aller Formen«[35]. Gehlen selbst bezeichnet das Gehirn als »paradoxes Organ«, »weil es zusammen mit den Händen alle Spezialisierungen von Organen überflüssig gemacht hat« (AG 4: 445, vgl. M 115). Zutreffend ist deshalb die Charakterisierung des Menschen durch Konrad Lorenz: »Spezialist auf Nichtspezialisiertsein«[36]. Die Menschen verfügen über etwas viel Besseres als spezialisierte Organe, nämlich über Spezialisierungen zweiten Grades. Wir Menschen besitzen nicht eine oder mehrere spezifische Kompetenzen, sondern die Kompetenz, solche Kompetenzen je nach Bedarf zu erwerben. Die morphologischen Korrelate dazu sind das Gehirn und die Hände; diese Organe können zu den unterschiedlichsten Spezialisierungen benutzt und trainiert werden. Ob Mathematiker oder Uhrmacher, ob Boxer oder Musiker – seine natürliche Ausstattung befähigt den Menschen zu vielerlei Leistungen.

Damit hat sich der Begriff der Spezialisierung gewandelt. »Man sagt manchmal, das spezialisierte Organ des Menschen sei eben das Gehirn. Man kann das sagen, muss aber wissen, dass ›Spezialisierung‹ dann eine andere Bedeutung hat als bei den Tieren.« (AG 4: 446) In biologischer Betrachtungsweise ist es unsinnig, organische Spezialisierungen von der Umwelt zu trennen, in der sie zu einem evolutionären Vorteil werden können. Außerhalb einer bestimmten ökologischen Nische wird jede Spezialisierung sinnlos. Zu Recht stellt Gehlen klar: »Spezialisierter Organbau und Umwelt sind also Begriffe, die sich gegenseitig voraussetzen.« (M 35) Die Behauptung, der Mensch sei in morphologischer Hinsicht ein »Mängelwesen«, ist die eine Seite einer Doppelthese, die sich nur analytisch scheiden lässt (a = b). (a) Die Menschen verfügen über keine spezialisierten Organe. (b) Die Menschen besitzen keine artspezifische Umwelt. Mit anderen Worten, wir Menschen sind in biologischer Hinsicht (a) inkompetent und (b) heimatlos; wir haben von Natur weder Beruf noch Adresse. Deshalb ist der Mensch ebenso Generalist wie Kosmopolit. Die Art und Weise jedoch, wie Gehlen die beiden Thesen zusammenschraubt, setzt einen bestimmten naturphilosophischen Hintergrund voraus.

Uexkülls Umweltlehre und ihre philosophische Rezeption

Die Behauptung, die jetzt diskutiert werden muss, lautet, dass die Menschen »Mängelwesen« sind, weil sie, im Gegensatz zu (fast) allen Tieren, keine artspezifische Umwelt besitzen. Den Begriff der Umwelt übernimmt Gehlen von Jakob von Uexküll (1864-1944); gegen dessen Ausdehnung der Umweltlehre auf den Menschen setzt er seinen Begriff der Welt.

Der wegweisende Ansatz Uexkülls bestand darin, ein Tier nicht isoliert zu betrachten (etwa in seiner morphologischen Verfassung), sondern im Zusammenhang mit seiner Umwelt. Tier und Umwelt stehen über ein Gefüge von Funktionskreisen in Wechselwirkung. Uexküll wollte auf diese Weise die anthropozentrische Betrachtungsweise der Tierwelt überwinden und eine »verstehende Biologie« begründen.[37] Aufgabe des Umweltforschers soll es sein, durch Beobachtung und Experiment, also streng naturwissenschaftlich, zu rekonstruieren, was für die Tiere, aus deren Sicht, mit Bedeutung verbunden ist.

In der subjektiven Perspektive der Tiere existieren nur Dinge wie Umweltfaktoren oder andere Tiere, die für sie überlebenswichtig sind. Das gilt sowohl für die Wahrnehmung (Merkwelt) als auch für das Verhalten (Wirkwelt). Uexküll bezieht sich auf Kant: »Alle Wirklichkeit ist subjektive Erscheinung.«[38] Von dem, was über die Umwelt hinausgeht, hat das Tier keine Ahnung, weil es für seine Existenz irrelevant ist. Eine Eidechse z.B. reagiert nicht auf einen in nächster Nähe abgefeuerten Pistolenschuss, sehr wohl aber auf leises Knistern und Krabbeln, weil dies Feinde signalisieren könnte. Jede Tierart, so Uexküll, lebt in einer spezifischen Umwelt, eine Zecke in einer Zeckenwelt, ein Schwein in einer Schweinewelt. Diese artspezifischen »Eigenwelten« sind die Gesamtheit dessen, was in den Funktionskreisen eines Tiers erscheint. Sie sind nur ein Ausschnitt der (von uns Menschen) physikalisch feststellbaren Umgebung eines Tiers, gefiltert durch artspezifische Muster der Reizselektion und festgelegte Verhaltensweisen.

Dieser Ansatz wird von Uexküll auf den Menschen übertragen. Er will nur folgende Einschränkungen zugestehen: Zum einen enthält die Umwelt des Menschen mehr Merk- und Wirkmale als die aller Tiere, ist also komplexer; zum anderen ist sie gruppenspezifisch, sogar individuell ausdifferenziert. Sein berühmtes Beispiel ist der Wald (M 79): Für Menschen ist dieses Biotop reichhaltiger als für Fuchs oder Eule, aber der Förster, der verirrte kleine Junge und der Dichter nehmen den Wald sehr unterschiedlich wahr – er ist für diese Menschen eine jeweils andere Umwelt.[39] Jeder Mensch entwickelt besondere Fähigkeiten, durch die er in seiner spezifischen Umwelt vorankommen kann. Zum Förster gehört der Wald, während der kleine Junge und der Dichter sich auf dem Spielplatz bzw. in ihrer Bücherwelt wohler fühlen.

In der zeitgenössischen deutschen Philosophie ist Uexkülls theoretische Biologie intensiv, aber unterschiedlich rezipiert worden. Erich Rothacker (1888-1965) folgt Uexküll mit der Behauptung, dass wir Menschen umweltgebunden sind.[40] Aber unsere Umwelt ist die jeweilige Kultur, in die wir hineingeboren werden, in der wir leben und arbeiten. Soziale Strukturen und das in Sprache formulierte Weltbild bestimmen die konkreten menschlichen Umwelten. Im Unterschied zum Tier sind die objektiven Weltbezüge nicht angeboren, sie müssen erworben werden – und wir können uns von unserer Umwelt distanzieren. Aus der Tradition der deutschen Hermeneutik übernimmt

Rothacker den wichtigen Gedanken, dass sich diese verschiedenen Umwelten, Sprachen, Weltbilder ineinander transformieren lassen; die Horizonte, so Gadamer, können verschmelzen. Um auf das obige Wald-Beispiel zurückzukommen: Die Perspektiven des Försters, des kleinen Jungen und des Dichters lassen sich ineinander überführen; sie sind eventuell sogar innerhalb einer Person zu finden.

Spuren der an Uexküll anschließenden Welt-Umwelt-Diskussion finden sich auch bei einem Philosophen, bei dem man sie nicht vermuten würde: Martin Heidegger (1889-1976). In *Sein und Zeit* formuliert er auf phänomenologischem Wege Begriffe wie »Welt« und »In-der-Welt-Sein«, die der existenzialen Verfassung des Daseins entsprechen. Einen anderen Weg wählt er in seiner Vorlesung *Grundbegriffe der Metaphysik* vom Wintersemester 1929/30: die vergleichende Betrachtung. Deren leitende Thesen sind: »der Stein ist weltlos, das Tier ist weltarm, der Mensch ist weltbildend«[41]. Ausgangspunkt für seine Meditationen ist die mittlere These über das Wesen des Tiers. Uexkülls Umweltlehre wird als großer Fortschritt bezeichnet, aber sie erlaube es nicht, auf den Menschen zu schließen: »Denn es handelt sich *nicht* einfach nur um eine *qualitative Andersheit* der tierischen Welt gegenüber der Welt des Menschen und erst recht nicht um quantitative Unterschiede«[42]. Kaum ein anderer Philosoph des 20. Jahrhunderts hat die Sonderstellung des Menschen so herausgestrichen wie Heidegger.

Der Begriff der Weltoffenheit ist von Max Scheler (1874-1928) eingeführt worden. Scheler zufolge ist der Mensch nicht umweltgebunden, er kann sich »in unbegrenztem Maße ›weltoffen‹ verhalten«[43] – der Mensch hat keine Umwelt, sondern Welt. Unabhängig von allen Funktionskreisen beschäftigen wir uns mit Gegenständen, wir überschreiten alle Horizonte. Insbesondere sind wir fähig, uns auf uns selbst und auf die Welt als Ganzes zu beziehen; nur so sind laut Scheler Humor und Ironie möglich. An die Stelle der uexküllschen Funktionskreise, die in sich geschlossen sind, treten offene Handlungskreise. Als Begründung führt Scheler jedoch nur das metaphysische Prinzip des Geistes an; kraft des Geistes können wir Menschen uns über die organischen Stufen des Seins erheben.

Gehlens Begriff der Weltoffenheit

Gehlen setzt Schelers Ansatz fort: Im Gegensatz zu den Tieren haben die Menschen Welt statt Umwelt. Der Mensch ist weltoffen, aber nicht weil er über Geist verfügt, vielmehr aufgrund seiner mangelhaften biologischen Konstitution. Dem Menschen fehlen die spezialisierten Organe (und instinktiven Verhaltensweisen), die zu einer bestimmten Umwelt passen würden. Das Gehirn in seiner vielseitigen Verwendbarkeit ist gerade ein Beleg dafür, dass der Mensch nirgendwo und überall zu Hause ist. Weil es keine für den Menschen geeignete ökologische Nische gibt, sind wir auf Kultur angewiesen. »Kultur« steht hier, anders als bei Rothacker, im Singular; gemeint ist nicht der jeweilige Kulturkreis, sondern die Kultur als die Gesamtheit dessen, was nicht durch Natur vorgegeben ist. Das entscheidende Merkmal der Kultur ist, dass sie vom Menschen erst geschaffen werden muss. Die Tiere hängen, so Gehlen, gleichsam müßig in den von der Evolution aufgespannten biologischen Netzen; der Mensch dagegen muss arbeiten und sich die Muster seines objektiven Weltbezugs selbst konstruieren. Weil die Art und Weise dieser Produktion von Kultur nicht vorgegeben ist, sind wir weltoffen. Allerdings wird der Begriff der Weltoffenheit nicht zureichend geklärt.

Die Ambivalenz dieses Ausdrucks beruht auf einem Bruch in Gehlens Rezeption der Umweltlehre. In den Neuauflagen der

Schrift *Der Mensch* bezieht sich Gehlen neben Uexküll auch auf Hermann Weber. Dieser Biologe unterscheidet wie Uexküll zwischen (biologisch relevanter) Umwelt und (physikalisch objektiver) Umgebung, zieht allerdings eine andere Grenzlinie. In Webers Umweltbegriff werden die objektiven ökologischen Bedingungen aufgenommen, die die Tiere nicht wahrnehmen können, die aber für ihr Überleben wichtig sind. Dazu gehören der Sauerstoffgehalt der Luft, Temperatur, Luftdruck, Bakterien usw. Die uexküllsche Umwelt enthält alles, was für die Tiere subjektiv von Bedeutung ist – die webersche Umwelt alles, was für die Tiere objektiv von Bedeutung ist. Dieser Umweltbegriff kann durch den Begriff des Habitats ersetzt werden, den Ökologie und Ethnologie für die äußeren Bedingungen verwenden, die auf eine Population oder Art einwirken und an die sie sich anpassen muss. Gehlen behauptet nun, dass der Mensch auch hinsichtlich des weberschen Umweltbegriffs weltoffen ist: Es gibt kein Habitat, an das der Mensch kraft seiner biologischen Ausstattung angepasst wäre. Ohne Umwandlung von Natur in Kultur könnten wir nirgendwo auf der Erde überleben.

Dadurch kommt es zu zwei Formen der Weltoffenheit, die Gehlen nicht immer klar unterscheidet. Ich nenne sie »äußere Weltoffenheit« und »innere Weltoffenheit«. Die äußere Weltoffenheit ist die aus der Außenperspektive beobachtbare Unabhängigkeit des Menschen von einem spezifischen Habitat. Die Produktion der Kultur in diesem Sinne geschieht durch Arbeit. Die innere Weltoffenheit ist die aus der Innenperspektive feststellbare Unabhängigkeit des Menschen von intern verankerten Mustern des objektiven Weltbezugs, also etwa physiologischen Reizselektionsmustern. Die Produktion der Kultur, die hier gemeint ist, geschieht durch Konstruktion.

Zuerst zur äußeren Weltoffenheit. Als Inuit (Eskimo) im Polarkreis, als Eremit in der Wüste, als Stadtneurotiker in New

York, sogar als Astronaut in die Erde umkreisenden Weltraumkapseln – der Mensch kann mithilfe von Technik, Wissenschaft, sozialen Institutionen usw. überall auf dem Globus existieren. Kein anderes höheres Lebewesen weist eine solche geographische Verbreitung auf. Allerdings handelt es sich immer um Welten, die durch Arbeit überhaupt erst entstanden sind. Im Gegensatz zu Tieren können Menschen sogar ihr Habitat verlassen und sich in einer völlig anderen Umgebung wieder ansiedeln. Kein Tier, so Gehlen, kann seine Umwelt transponieren. Eines von Gehlens Beispielen (M 81) sind die Sioux-Indianer (die sich selbst Dakota nannten): Noch um 1700 waren sie auf den fruchtbaren Böden Minnesotas sesshaft, zwischen Wäldern und Flüssen betrieben sie einfachen Ackerbau; dann wurden sie nach Westen abgedrängt, wo sie sich in der kargen Hochprärie der Missouri-Region als nomadisierende Büffeljäger erfolgreich etablierten.

Unsere Fähigkeiten, die Natur »ins Lebensdienliche« umzugestalten, sind tatsächlich erstaunlich. Aber die äußere Weltoffenheit des Menschen ist nicht unbegrenzt. Das lehren uns Einsichten und Erfahrungen der letzten Jahrzehnte. Wenn die nicht regenerierbaren Energiequellen aufgebraucht sind, wenn nicht mehr genügend Trinkwasser zur Verfügung steht, wenn die landwirtschaftlich nutzbaren Böden und die Ozonschicht zerstört sind, dann ist es mit der äußeren Weltoffenheit der Menschheit vorbei; es wird auch keine Region mehr geben, in die wir ausweichen können. Es gibt also naturale Bedingungen unserer Existenz, ökologische Grenzen unserer Lebensfähigkeit.

Wie steht es um die innere Weltoffenheit des Menschen? Für einige der objektiven Bedingungen unserer Existenz (Sauerstoffgehalt der Luft, kosmische Strahlung u.a.) besitzen wir keine Wahrnehmungsorgane. Unsere Sinne sind begrenzt. Das gibt scheinbar Uexküll Recht: Auch der Mensch lebt in einer spezifischen Umwelt, weil er nur einen Ausschnitt seiner Umgebung wahrnimmt. Dagegen behauptet Gehlen: Menschen haben immer den Bereich dessen, was für sie bedeutsam und funktional ist, überschritten und überschreiten müssen. Selbst archaische Gesellschaften sehen ihre sinnlich wahrnehmbare Lebenswelt eingebettet in eine Welt, die jedes Vorstellungsvermögen transzendiert. Unsere leibliche Organisation ist an den Mesokosmos angepasst, aber »durch Mikroskope und Fernrohre« (M 82) haben wir Zugang zu Mikrokosmos und Makrokosmos. Mit Sprache und Denken beziehen wir uns auf das Abstrakte und Allgemeine, mit der produktiven Einbildungskraft (Fantasie) auf irreale Räume und Zeiten.

Obwohl diese Hinweise Gehlens richtig sind, ist auch die innere Weltoffenheit nicht unbegrenzt; vielmehr hat die neuzeitliche Erkenntnistheorie die Grenzen unseres objektiven Weltbezugs aufgezeigt. Nur in naiv-realistischer Einstellung ist unsere Welt offen und vollständig. Vielleicht meinen auch alle Tiere, sie seien weltoffen; vielleicht ist die Selbstzuschreibung von Weltoffenheit funktional für jedes Lebewesen. So wie für die Tiere, deren Wahrnehmungsfähigkeiten auf das Zweidimensionale beschränkt sind, die Oberfläche einer Kugel unendlich ist, so mag auch unser Gesichtsfeld grenzenlos sein. Aber unsere Welt ist (kantisch gesprochen) nur Erscheinung, begrenzt durch unsere Wahrnehmungs-, Denk- und Sprachstrukturen. Der technisch-wissenschaftliche Zugang zu Mikro- und Makrokosmos ist und bleibt unser Zugang, vermittelt über unsere Begriffe und unsere Interpretationen.

Deshalb ist der Ansatz von Helmuth Plessner (1892-1985) überzeugender. Die Weiterentwicklung der uexküllschen Umweltlehre bildet einen bedeutenden Strang seines Hauptwerks *Die Stufen des Organischen und der Mensch*. Plessners Grundthese lautet: Während das Tier ein zentriertes System von Umweltbezügen bildet, ist der Mensch aus der Mitte herausgerückt, in eine exzentrische Positionalität. Deshalb sind wir sowohl umweltgebunden als auch weltoffen, in einer »nicht zum Ausgleich zu bringenden gegenseitigen Verschränkung«[44]. Auf der einen Seite gibt es neben unseren biologischen Grenzen auch soziokulturelle und sprachliche Strukturen, die unseren Horizont begrenzen, sich aber wandeln und von uns mitbestimmt werden können; eingeschlossen sind wir in diese keineswegs. Auf der anderen Seite stehen diese Umwelten immer vor einem offenen Hintergrund, der in krisenhaften Situationen deutlich wird. Ohne das Transzendente und Fremde könnten wir das Immanente und Eigene gar nicht denken; die Unmittelbarkeit des Vertrauten ist nur als vermittelte möglich. Unsere Determiniertheit wird in objektiver Perspektive deutlich; die Unbegrenztheit der Welt, in der wir leben, zeigt sich aus der subjektiven Perspektive; dennoch setzen sich beide Perspektiven gegenseitig voraus. Weltoffen ohne jede Einschränkung könnte aber nur ein leibloses Wesen wie ein Engel sein.[45]

Auch Adorno hat den anthropologischen Begriff der (Welt-) Offenheit kritisiert: »Die These der arrivierten Anthropologie, der Mensch sei offen – selten fehlt ihr der hämische Seitenblick aufs Tier –, ist leer; sie gaukelt ihre eigene Unbestimmtheit, ihr Fallissement, als Bestimmtes und Positives vor.«[46] Diese Kritik ist sicher übertrieben. Gehlens Begriff der Weltoffenheit ist nicht ausschließlich negativ; es handelt sich durchaus um eine qualifizierbare und differenzierbare These. Anthropologisch interessant ist nicht nur, ob der Mensch offen ist, sondern auch die Frage, wie es zu den Mustern kommt, die unseren objektiven Weltbezug bestimmen. Dazu hat Gehlen einige wichtige Erkenntnisse vorgelegt. Es ist zu früh, vom Fallissement (also: dem Bankrott) der philosophischen Anthropologie zu reden.

Pragmatischer Konstruktivismus

Im Folgenden geht es um die innere Weltoffenheit, um die Muster unseres objektiven Weltbezugs und um deren Entstehung. Streitpunkt ist zum einen, ob der Mensch selbst aktiv an ihrem Aufbau teilnimmt, und zum anderen, welche Rolle die äußeren Faktoren dabei spielen. Grundsätzlich sind also vier Positionen möglich.

	Welt passiv	Welt aktiv
Mensch passiv	Reifungstheorien	Behaviorismus
Mensch aktiv	Konstruktivismus	Interaktionismus

Reifungstheorien nehmen an, dass die Handlungsmuster bereits im Menschen angelegt sind und sich nur entwickeln müssen; es gibt bestenfalls günstigere und ungünstigere Umweltbedingungen. Das ist der teleologische Ansatz der Tradition; unter anderen Voraussetzungen vertreten Lorenz und die evolutionären Erkenntnistheoretiker, aber auch die humanistische Psychologie eine ähnliche Auffassung. Während Reifungstheorien starke Annahmen über ererbte Anlagen machen müssen, behauptet der orthodoxe Behaviorismus, dass der Mensch als Tabula rasa geboren wird. Alle Muster entstehen dadurch, dass äußere Reize zu Reaktionen führen, von denen sich einige als erfolgreich erweisen und verstärkt werden. Auch Theorien, die die totale Sozialisation der Individuen unterstellen, gehören in diese Sparte.

Dagegen vertritt Gehlen auf der anthropologischen Ebene einen Konstruktivismus, vergleichbar dem Ansatz des genetischen Strukturalismus von Jean Piaget und neueren Konzeptionen von Selbstorganisation. Das wird besonders im zweiten Teil seines Buchs *Der Mensch* deutlich, in dem sich eine Fülle interessanter Einzelbeobachtungen findet, etwa zur Entstehung sensomotorischer Muster oder zur Sprachentwicklung. Wichtig für unseren Zusammenhang ist die These Gehlens, dass die Muster des objektiven Weltbezugs in »Eigentätigkeit« aufzubauen sind. Weil wir nicht mit vorgegebenen Reizselektionsmechanismen ausgestattet sind, muss das Chaos der Außenwelt-Daten von uns selbst abgebaut und in einen strukturierten Kosmos umgewandelt werden. Nur so kann verhindert werden, dass die »Reizüberflutung« uns zusammenbrechen lässt. Dieser Prozess hat zwei Seiten: Es werden zugleich die Strukturen der (objektiven) Welt und die kognitiven Muster unseres Geistes aufgebaut. Sowohl das Äußere als auch das Innere werden »festgestellt« (M 37). Die Ordnung der Dinge beruht auf Strukturen, die wir selbst produziert haben.

Der Konstruktionsprozess erfolgt in einer Sequenz, d. h. über eine notwendige Abfolge diskreter Stadien, die die vorangegangenen jeweils in sich integrieren. Am Anfang stehen die elementaren Tasterfahrungen; diese werden integriert in optische Eindrücke. Schon »die Wahrnehmungswelt, die wir, die Augen aufschlagend, um uns sehen, ist durch und durch *Resultat* menschlicher Eigentätigkeit« (M 39, vgl. 164). Die Hand-Auge-Kombination wird von der Sprache abgelöst, die das Fundament für alle höheren menschlichen Fähigkeiten wie Denken und wissenschaftliches Forschen bildet.

Während in der Schrift *Der Mensch* eher die ontogenetische Entwicklung betrachtet wird, finden sich in *Urmensch und Spätkultur* interessante Ausführungen zur Phylogenese. Eine Homologie zwischen diesen beiden Entwicklungsdimensionen, wie sie etwa Habermas bei seiner Rekonstruktion des historischen Materialismus unterstellt, wird jedoch nicht angenommen. Gehlen behauptet eine »geschichtliche Transformation gewisser Bewußtseinsstrukturen, auch der Wahrnehmung« (U+S 101, vgl. 232, AG 4: 221). Er bezieht sich in diesem Zusammenhang auf Schelers Begriff des erworbenen Aprioris. Die Menschen in den archaischen Gesellschaften haben buchstäblich eine andere Welt gesehen als wir; sie hätten die Natur nie als »Faktenaußenwelt« oder bloßes Operationsfeld für instrumentelles Handeln betrachtet.

Ein Beispiel Gehlens ist die Zeit. Bei Kant ist die Zeit eine apriorische Form der reinen Anschauung. Aus transzendentalphilosophischer Sicht mag das korrekt sein, solange kein bestimmter Zeitbegriff zugrunde gelegt wird. Denn Gehlen behauptet, dass sich die Auffassung von Zeit geschichtlich gewandelt hat. Eine wesentliche Zäsur sei die Einführung der Schrift gewesen. In Gesellschaften ohne Schrift wurden zwar Genealogien über viele Generationen aufgestellt, aber jenseits jener begann eine »Urzeit«, die auf einer anderen zeitlichen Ebene liegt. Zu dieser konnte man sich in ein Verhältnis setzen, etwa indem man Geschehnisse dieses Äons in Riten wiederholte. Die unanschauliche, sich in beiden Richtungen ins Unendliche ausdehnende Zeit wurde nach Gehlens Hypothese aus astronomischen Daten abgelesen. Die großen periodischen Bewegungen im Raum ließen sich jedoch erst feststellen, nachdem primitive Aufzeichnungstechniken erfunden worden waren. Die Entwicklung geht also von der Schrift über die Astronomie zur Vorstellung der unendlichen Zeit. Zumindest habe die Schrift diesen Begriff der Zeit selbstverständlich gemacht. Alle Hochkulturen sind Schriftkulturen, und deshalb gibt es nur in ihnen ein historisches Bewusstsein. Damit sei es vorbei, meint Gehlen, nun leben wir in einem nachgeschichtlichen Zeitalter (»post-histoire«), in dem alle historischen Kontinuitäten zerstört sind. Dementsprechend kennen die Menschen nur noch die Gegenwart und die Zukunft, in die sie immer stärker hineingezogen werden. Das gesamte Zeitbewusstsein des modernen Menschen ist gestört (1963: 313 ff.): Entweder haben wir keine Zeit, weil zu viel zu erledigen ist, oder wir langweilen uns. Mit solchen Ausführungen überschreitet Gehlen freilich die Grenze von der Anthropologie zur Kulturkritik.

Im Streit der verschiedenen erkenntnistheoretischen Positionen bekennt sich Gehlen zum Pragmatismus. »Es kann nicht zweifelhaft sein, daß der Pragmatismus den alten Streit der Rationalisten und Empiristen über sich hinausgeführt hat.« (M 302) Die Strukturen und Grenzen unseres objektiven Weltbezugs werden in Handlungszusammenhängen konstruiert. Diese Auffassung vertrat Gehlen bereits vor seiner anthropologischen Wende.

Der pragmatische Konstruktivismus geht, wie Gehlen einmal zugestand und was oft als Solipsismus kritisiert wurde, vom »Abstraktum des einzelnen handelnden Menschen« (M 382, vgl. AG 4: 209) aus. Sicherlich kommt die interaktive Dimension in seiner Anthropologie zu kurz. Dennoch wird diese an einigen Stellen angesprochen. So kritisiert Gehlen die beliebten »Robinsonaden« (AG 3: 507); die biologischen »Mängel« nötigen die Menschen zur »Zusammenarbeit, also der Verständigung« (M 38, vgl. 272). Das ist für Gehlens Sprachtheorie die Situation, in der alle menschlichen Leistungen zusammenlaufen. Mit Bezug auf Dewey verweist Gehlen sogar auf den Primat des intersubjektiven Weltbezugs: Das »Handeln auf ein Du hin« sei die Grundstruktur allen menschlichen Handelns, wobei in die Rolle des »Du« auch Dinge einrücken können. (M 166, 187) Durch die Rezeption von George Herbert Mead hat Gehlen weitere Ansatzpunkte geschaffen, um seine Anthropologie in Richtung eines Interaktionismus weiterentwickeln zu können.

Instinktreduktion und Sozialregulationen

Die zweite Teilthese lautet: Wir Menschen sind »Mängelwesen«, weil wir gar keine oder nur noch rudimentäre Instinkte besitzen. Das Fehlen solcher »Verhaltensprogramme«, wie heute oft gesagt wird, ist nach Gehlens Auffassung besonders für unseren intersubjektiven Weltbezug relevant. Bereits Darwin hat die Moral auf soziale Instinkte zurückgeführt, die den Umgang der Tiere untereinander regeln, gegenüber Artgenossen wie gegenüber Nicht-Artgenossen. Diese instinktiven Verhaltensmuster sind bei uns Menschen zerfallen und reduziert. Deshalb benötigen wir, so Gehlens berühmte These, als soziale Instinkt-Analogie die Institutionen – und aus diesem Grunde ist deren Verschleiß in der modernen Welt so gefährlich. Allerdings hat Gehlen, was manchmal zu wenig beachtet wird, in *Moral und Hypermoral* eine Theorie instinktiv verankerter Sozialregulationen vorgelegt, die seine eigene Institutionenlehre relativiert.

Zum ethologischen Instinktbegriff

1940 ist sich Gehlen über den Begriff des Instinkts noch im Unklaren. Er deutet Instinkte zunächst ganz analog zur organischen Ausstattung der Lebewesen, im Sinne von Uexküll: Wie alle Tiere morphologisch durch ihre Spezialorgane in eine artspezifische Umwelt eingefügt sind, so sind sie es auch durch ihr instinktiv festgelegtes Verhalten. Später wird diese strikte Analogie aufgegeben. Der Begriff des Instinkts gewinnt bei Gehlen überhaupt erst an Gewicht, als er Konrad Lorenz (1903-1989) kennen lernt, dessen Ansichten mit den seinen in vielen Punkten konvergieren. Lorenz wird für den Bereich der Biologie Gehlens wichtigster Gesprächspartner.

Mit wegweisenden empirischen Untersuchungen hat Lorenz

schon in den Dreißigerjahren zum Aufstieg einer neuen biologischen Teildisziplin beigetragen, die zunächst als »Tierpsychologie«, dann als »vergleichende Verhaltensforschung« oder »Ethologie« bezeichnet wurde. Deren Forschungsergebnisse werden von Gehlen 1944 in die dritte und noch ausführlicher 1950 in die vierte Auflage seines Buchs *Der Mensch* eingearbeitet. In seinen späteren Schriften bezieht sich Gehlen fast ausschließlich auf die Lorenz-Schule; noch 1970 rezipiert er die Schriften von Eibl-Eibesfeldt.

In Anlehnung an die Ethologie macht Gehlen den Vorschlag, bei Tieren von instinktiven Verhaltensweisen oder »Bewegungsfiguren« (M 24, 329) zu sprechen, dagegen das Hauptwort »Instinkt« nur auf Menschen anzuwenden, es allerdings (da es sich nicht um festgelegte Verhaltensprogramme handelt) immer in Anführungszeichen zu setzen (U+S 130, 49, M+HM 43); »Instinkt« verschwimmt dann mit »Antrieb« und »Bedürfnis« (M 358). Dieser Vorschlag ist nicht überzeugend; im Folgenden soll auf die substantivische Gebrauchsweise ganz verzichtet und nur von instinktiven Verhaltensweisen bzw. von instinktiven Elementen in Verhaltensweisen gesprochen werden. Mit Bedacht vermeide ich auch den Begriff der Instinkthandlung – Tiere handeln nicht.[47] Darüber hinaus muss der psychoanalytische Begriff des Triebes zurückgestellt werden; es ist extrem irreführend, Freuds Ausdruck »Trieb«, wie in einigen angelsächsischen Ausgaben, mit »instinct« zu übersetzen.

Die instinktive Verhaltensweise eines Tiers besteht immer aus drei Komponenten, die sich analytisch gut unterscheiden lassen: 1. einem Detektor, der auf bestimmte externe Reize anspricht, 2. einem internen Antrieb und 3. einem festgelegten Bewegungsablauf.[48]

1. Mit der ersten Komponente kann die Instinkttheorie sowohl an den Behaviorismus wie an Uexkülls Umweltlehre an-

knüpfen. Auch Lorenz behauptet, dass bestimmte äußere Reize als Auslöser wirken; durch diese werden bereitliegende Verhaltensweisen ausgeklinkt. Dabei verhält sich der Auslöser zu den instinktiven Verhaltensweisen wie der Schlüssel zur Tür. Deshalb wird auch von »Schlüsselreiz« bzw. »auslösender Schlüsselsituation« gesprochen. Die reaktionsauslösenden Reize müssen hinreichend unwahrscheinlich sein; manchmal ist eine bestimmte Kombination oder Addition von Schlüsselreizen notwendig. Bei den Auslösern handelt es sich in der Regel um Merkmale oder Bewegungsfiguren eines anderen Tiers; dieses andere Tier kann ein Artgenosse sein (z.B. ein Tier des anderen Geschlechts), aber auch ein Angehöriger einer anderen Spezies (z.B. ein überlegener Feind, auf den mit Flucht reagiert wird). Natürlich können ebenso Gegenstände oder Ereignisse der umgebenden Natur als Auslöser wirken. Einer der bekanntesten Auslöser beim Menschen, mit dem sich Lorenz beschäftigte, ist das Kindchenschema. Wenn der auslösende Reiz mit einem Schlüssel und die instinktive Verhaltensweise mit einer Tür verglichen werden kann, dann fehlt noch das Schloss. Bei Lorenz gehört deshalb zu dem »auslösenden Schema« der »angeborene Auslösemechanismus«, abgekürzt AAM. Inzwischen wird ein weniger missverständlicher Begriff verwendet: Detektor. Mit Detektoren nimmt ein Lebewesen seine Umwelt selektiv wahr. Wichtig ist die Entdeckung von Lorenz, dass Detektoren oft erst in einem späteren ontogenetischen Entwicklungsstadium, einer sensiblen Phase, festgelegt werden. Dieser Vorgang wird als Prägung bezeichnet. Berühmt sind die jungen Graugänse, die so geprägt wurden, dass sie Lorenz als »Mutter« akzeptierten.

2. Die Detektoren lösen nur dann bestimmte Bewegungsfiguren aus, wenn eine innere Bereitschaft zu dieser Verhaltensweise vorliegt, ein internes Antriebspotenzial. Es gibt nicht nur innere Reize, auf die wir reagieren, wie etwa ein vages Hungergefühl

als Magenknurren; es existiert zudem ein innerer Motor, der spontane Aktivität auslöst. Nehmen wir als Beispiel den Hund von Pawlow: Dass ihm beim Anblick der Nahrung das Wasser im Mund zusammenläuft, ist ein unbedingter Reflex; der Speichelfluss beim Ertönen einer Glocke ist ein bedingter Reflex. Hingegen sondert der lorenzsche Hund von sich aus Speichel ab und bettelt deswegen sogar die Glocke an. Tiere suchen demzufolge aktiv nach reizauslösenden Situationen. Das bezeichnen die Ethologen als Appetenzverhalten. Dieser Ausdruck enthält den Wortstamm von »Appetit«, das lateinische »appetare« (streben nach, aufsuchen). Die Appetenz ist jedoch nicht nur das Begehren schmackhafter Speisen, sondern bezieht sich auf jedes zielstrebige Verhalten, mit dem ein Tier auslösende Reize sucht, also der Situation näher kommt, in der es ein Bedürfnis befriedigen kann. Während des Appetenzverhaltens wird der innere Spannungszustand immer weiter aufgebaut, bis schließlich ein kleiner Reiz genügt, auf den der Detektor anspricht. Lorenz deutet diese Tatsache der endogenen Verursachung mithilfe eines Energiemodells, das demjenigen Freuds nicht unähnlich ist. Allerdings postuliert er separate Quellen, die jeweils für bestimmte Verhaltensweisen oder Klassen von Verhaltensweisen zuständig sind. Lorenz nennt sie aktionsspezifische Potenziale. Diese Antriebsquellen produzieren ständig innere Reize. Eine wichtige Entdeckung der Ethologie ist, dass das Appetenzverhalten bei den meisten Säugetieren durch erworbene Elemente (bedingte Reflexe, erlernte Orientierungsbewegungen, Eigendressuren, schließlich Lernen aus Einsicht) angereichert werden kann.

3. Die letzte Komponente der instinktiven Verhaltensweisen sind die beobachtbaren Bewegungsabläufe, in denen die angestaute Triebenergie, wie Freud sagen würde, zur Abfuhr kommt. Die einzelnen Elemente dieser triebverzehrenden Bewegungen

sind relativ starr und meist fest zusammengefügt. In der Ethologie wird die Position vertreten, dass diese Verhaltensabläufe genetisch verankert sind; Lorenz nannte sie deshalb Erbkoordinationen. Eine solche Erbmotorik – wie Gehlen in Anlehnung an den Wiener Zoologen Otto Storch sagt – zeigt sich bei höheren Lebewesen in den wichtigsten Funktionskreisen: in den Fressbewegungen, in Begattung, Brutpflege, Nestbau usw. Erbkoordiniert ist hauptsächlich die Endphase der instinktiven Verhaltensweisen, in der ein aufgestautes Bedürfnis seine Befriedigung findet. Diese Bewegungsabläufe werden in der Ethologie als »consummatory actions« (Konsummationsbewegungen) bezeichnet, vom lateinischen »consummare« (auf den Höhepunkt bringen, vollenden). Im Gegensatz zum Appetenzverhalten sind die Endbewegungen auch bei hoch entwickelten Tieren relativ starr.

Entscheidend ist nun die Frage: Gibt es instinktive Verhaltensprogramme beim Menschen? Lorenz hat seit den Fünfzigerjahren versucht, seine ethologischen Erkenntnisse, insbesondere den Instinktbegriff, auf die Menschen zu übertragen. Er leugnet nie, dass instinktive Verhaltensweisen beim Menschen eine viel unbedeutendere Rolle spielen als bei jedem Tier; sie sind stärker mit erworbenen Elementen durchsetzt oder von diesen überlagert. Deshalb bezeichnet er den Menschen als Instinktreduktions-Wesen.[49] Trotzdem sei der Einfluss instinktiver Komponenten nicht zu unterschätzen; Aufsehen erregte Lorenz mit seiner These von der instinktiv verankerten Aggressivität.

Kritik der Domestikationstheorie

Die Instinktreduktion kann als primärer oder sekundärer Zustand angesehen werden, mithin als Ergebnis der Naturgeschichte oder der Kulturgeschichte. Letzteres behauptet der mittlere Lorenz in einer Domestikationstheorie, die schon bei

Nietzsche zu finden ist.[50] Es handelt sich um die biologisch-evolutionstheoretische Version der bekannten Dekadenzthese.[51]

Die Grundannahme der Domestikationstheorie lautet: So wie die Haustierzucht die Wildformen der domestizierten Arten veränderte, werden Morphologie und Verhaltensweisen des Menschen im Laufe der Geschichte umgeformt. Wir züchten gewissermaßen neben Hunden und Schafen indirekt auch uns selbst. Es findet eine »Verhausschweinung« des Menschen statt. Dieser Prozess der Selbstdomestizierung bezieht sich nicht auf die letzten Jahrhunderte oder Jahrtausende der Menschengeschichte, sondern soll den gesamten Ablauf der Menschwerdung charakterisieren. Dabei ereignet sich – wie Lorenz noch 1983 ein Buch betitelte – »der Abbau des Menschlichen«. Er konstatiert folgende Veränderungen: 1. Die Entspezifizierung der Detektoren, d.h., wir sprechen auf immer mehr Reize an; z.B. lässt im sexuellen Bereich die »geschlechtliche Zuchtwahl« zu wünschen übrig. 2. Die älteren Verhaltensprogramme werden verstärkt: Beim Fressen und beim Sex kommt es zur Hypertrophie. Dagegen werden die jüngeren Verhaltensprogramme abgeschwächt; die Verhaltensweisen für Schutz und Pflege des Nachwuchses unterliegen der Hypotrophierung. 3. Besonders bedeutsam und gefährlich ist, dass aggressive Verhaltensweisen beibehalten werden, obwohl sie für die gegenwärtige Umwelt des Menschen nicht mehr funktional sind. Die natürlichen Hemmungsmechanismen, die der Aggressivität Grenzen setzten, werden u.a. durch die technische Entwicklung von Fernwirkungswaffen außer Kraft gesetzt. 4. Interessant sind auch die morphologischen Veränderungen: Neigung zum Fettansatz, Hängebauch sowie Verkürzung der Extremitäten und der Schädelbasis, was zu einem »Mopskopf« führen soll. Die Wildform ist laut Lorenz immer schöner als die domestizierte Form.

Wenn der mittlere Lorenz die Menschen als »Instinktreduktions-Wesen« bezeichnet, so ist damit eine solche sekundäre Verringerung der instinktiven Verhaltensweisen gemeint. Obwohl Gehlen mit einigen Beobachtungen von Lorenz durchaus einverstanden ist, lehnt er die These von der (Selbst-)Domestikation des Menschen ab. Gegen sie sprechen folgende Indizien (vgl. M 121, AG 4: 221, A+S 58 f.): 1. Während bei Haustieren im Laufe der Domestikation das Hirn schrumpft, wird es bei den Menschen größer. 2. Haustiere erreichen früher die sexuelle Reife; dagegen verschiebt sich dieser Zeitpunkt in der menschlichen Ontogenese in ein späteres Stadium. Nur so konnte die merkwürdige Zwischenphase der Pubertät entstehen. 3. Die These von der gesteigerten Aggressivität steht zu der Domestikationstheorie im Widerspruch, denn Haustiere (man denke nur an Hunde und Katzen) sind nicht so aggressiv wie ihre wilden Urahnen. 4. Auch Lorenz' ästhetisches Argument lässt sich kritisieren: Sind etwa Rosen und Rennpferde nicht schön?

Gehlen behauptet apodiktisch, dass es keine »Wildform« des Menschen gibt, die sich hätte selbst domestizieren können. Dass die Menschen über so wenige instinktive Verhaltensweisen verfügen, ist keine sekundäre Reduktion (wie Lorenz meint), sondern ein primärer Zustand. Von Anbeginn mussten wir mit »Instinktstümpfen« bzw. mit »Instinktresiduen« auskommen. Der Abbau der Hemmungsmechanismen ist ebenfalls ein primäres Phänomen; der Mensch ist als Naturwesen »virtuell hemmungslos« (M 397). In diesem Punkt ist sich Gehlen mit Plessner einig; auch dieser wendet sich gegen die Domestikationstheorie und die damit verbundene »Utopie der verlorenen Wildform«[52].

Insgesamt bezeichnet Gehlen die Ergebnisse, die Lorenz mit seiner Übertragung ethologischer Begriffe auf die Menschengattung erzielt hat, als »außerordentlich mager und enttäuschend« (M 26). Eine Humanethologie taugt wenig. Der späte Gehlen musste jedoch einige der Erkenntnisse akzeptieren, die von Lorenz-Schülern wie Eibl-Eibesfeldt und Leyhausen über ererbte Elemente im menschlichen Verhaltensrepertoire zusammengetragen worden waren.

Sicher gibt es Reflexe. Bekannte Beispiele sind das Zuklappen des Augenlids, wenn sich ein Gegenstand nähert, Husten und Niesen sowie der Patellarreflex. Auch einfache Orientierungsreaktionen (Tropismen und Taxien), etwa die ruckartige Hinwendung des Kopfs zu der Quelle eines plötzlichen Geräusches, mögen ererbt sein. Aber Reflexe und Orientierungsreaktionen sind keine Handlungen. Übrigens vermutet Gehlen (M 24), dass intelligentes Verhalten eher durch die Weiterentwicklung der Orientierungsreaktionen als durch die der instinktiven Verhaltensweisen entstanden ist.

Sodann finden sich instinktive Verhaltensweisen bei neugeborenen Kindern, »wo sie als Saug-, Klammer- und Umarmungsbewegungen von Reflexen kaum zu trennen sind« (U+S 129, vgl. M 329, A+S 110). Die Ethologen, insbesondere Eibl-Eibesfeldt[53], haben lange Listen von Verhaltensweisen erstellt, die offensichtlich angeboren sind. Das lässt sich an Babys nachweisen, die blind und taub geboren wurden und dennoch die gleichen Verhaltensmuster aufweisen wie Kinder, die für sozialisatorische Einflüsse offen sind. Es handelt sich hierbei immer um einfache Verhaltensweisen, die im Laufe der ersten Lebensphase überlagert werden. Für die erste Lebensphase, für die Mutter-Kind-Dyade, sind diese Verhaltensweisen von existenzieller Bedeutung, später hingegen irrelevant.

Eine interessante Sphäre bilden schließlich die Ausdrucksbewegungen, mit denen sich bereits Darwin ausführlich beschäftigte. Der späte Gehlen hat die ethologischen Forschungsergebnisse akzeptiert, denen zufolge ein großer Teil unserer Mimik – vor allem Droh- und Imponiergebärden – und menschliche Ausdrucksformen wie Lachen, Weinen und Lächeln als instinktive Verhaltensweisen eingestuft werden können. (AG 4: 225 f.) Er selbst hat diese Beobachtungen nicht mehr systematisch ausgewertet.

Zerfall und Reduktion der instinktiven Verhaltensweisen

Für den Kernbereich menschlichen Handelns hält Gehlen an der These fest, dass instinktive Verhaltensweisen keine Rolle spielen. Zu analytischen Zwecken wird im Folgenden zwischen zwei Teilthesen unterschieden, dem Zerfall der instinktiven Verhaltensweisen und der Reduktion instinktiver Elemente im menschlichen Verhalten. Nur die erste Teilthese kann übernommen werden.

Bereits Scheler sprach vom »Zerfall des Instinkts«[54]. Gehlen konstatiert den Abbau »fast aller fest montierten Zuordnungen« (M 26). Die drei Bestandteile der instinktiven Verhaltensweisen sind entkoppelt; gleichsam heimatlos vagabundieren sie durch die menschliche Welt. So finden sich beim Menschen durchaus erbkoordinierte Bewegungsabläufe. Aber sie fungieren nicht als Endphase festgelegter Verhaltensprogramme, vielmehr sind sie auf die vegetative Ebene verschoben. Beispiele dafür sind unwillkürliche Bewegungen aus dem Bereich der Fortpflanzung und der Nahrungsaufnahme (Kauen, Schlucken usw.). Einige andere liegen vielleicht bereit, um in Notsituationen zur Verfügung zu stehen. (U+S 45) Ansonsten besitzen wir Menschen, wie Gehlen mit Begriffen von Storch einprägsam formuliert, keine Erb-, sondern eine Erwerbmotorik.

Was ist aus den anderen beiden Komponenten der instinktiven Verhaltensweisen geworden, den Antrieben und den Auslösern? Auf der Antriebsseite ist die entscheidende Veränderung, dass die eindeutige Verknüpfung eines Antriebs mit bestimmten Objekten und Bewegungsfiguren verschwunden ist. So definiert auch Freud den Begriff des Triebs. Zwischen den Antrieben und den triebverzehrenden Bewegungen ist eine Kluft entstanden, ein Hiatus. Darauf wird gleich zurückzukommen sein. Ebenfalls umstrukturiert ist unser Verhältnis zur Außenwelt. Wie in *Urmensch und Spätkultur* (1956) ausgeführt wird, gibt es noch Auslöser, auf die alle Menschen ansprechen: die Appelldaten. Diese Schlüsselreize stammen aus der Außenwelt oder der Mitwelt; es kann sich um außergewöhnliche Naturereignisse handeln oder um Schemata, die für Sexualität und Kinderpflege wichtig sind. Allerdings sind die Auslöser nicht mehr mit einem spezifischen Antriebspotenzial oder einer erbkoordinierten Bewegungsabfolge verkoppelt. Das Einzige, was ausgelöst wird, nennt Gehlen mit einem Pareto-Zitat »le besoin de faire quelque chose« (U+S 137), also das Bedürfnis, überhaupt etwas zu tun. Der einzelne Mensch erlebt seine Motivation als einen emotionalen Appell, als »Gefühlsstoß« bzw. als »unbestimmte Verpflichtung«.

Gehlens These vom Zerfall der instinktiven Verhaltensweisen ist übrigens durchaus mit den anthropologischen Auffassungen der Ethologie kompatibel. Wenn Lorenz in seinen populären Schriften wie *Das sogenannte Böse* von menschlichen Instinkten spricht, so sind eigentlich Antriebe gemeint, die nicht notwendigerweise auf bestimmte Schlüsselreize ansprechen und keine festgelegten Bewegungsabläufe auslösen. Selbst Eibl-Eibesfeldt, der eher die biologische Vorprogrammierung betont, behauptet nicht, dass sich beim Menschen instinktive Verhaltensweisen im strengen Sinne finden lassen. Auch er geht von einer Dissoziierung dieser Verhaltensprogramme aus und unterscheidet zwischen »angeborenem Können« (den ehemaligen Erbkoordinationen), »Auslösern«, »Antrieben« und »angeborenen Lerndispositionen«.

Den Verlust der Instinktsteuerung sieht Gehlen als einen Beleg für sein »Mängelwesen«-Konzept. Dagegen lässt sich zeigen, dass der Zerfall instinktiver Verhaltensweisen, genau im Gegenteil, der Beleg für einen hohen evolutionsbiologischen Leistungsstand ist.

Um diese Gegenthese zu begründen, sei noch einmal ein Blick in die Tierwelt geworfen. Die Phänomene, die Gehlen aus dem Zerfall der instinktiven Verhaltensweisen ableitet, zeigen sich nämlich schon bei unseren nächsten Verwandten im Tierreich, den Menschenaffen (Pongiden). Die biologischen Erkenntnisse, auf die sich Gehlen stützt, sind in diesem wichtigen Punkt veraltet. Inzwischen haben Ethologen zahlreiche beeindruckende Forschungsergebnisse vorgelegt, die auf langjährigen Beobachtungen von Affen in ihrem natürlichen Lebensraum beruhen. Insbesondere die Feldstudien von Jane Goodall in Ostafrika haben ganz neue Welten gezeigt.[55] Einige spektakuläre Erkenntnisse der Primatologie sind auch für unser Thema bedeutsam.

Schimpansen müssen offensichtlich viele Verhaltensweisen, die für ihr soziales Zusammenleben von großer Bedeutung sind, lernen. Das gilt auch für die Benutzung und Herstellung von Werkzeugen, die bei ihnen verbreiteter sind, als man bis vor wenigen Jahrzehnten meinte. Einige weitere Phänomene, die Gehlen nur bei fehlenden Instinkten für möglich hält und allein den Menschen zuschreibt, lassen sich bei ihnen feststellen: 1. Abbau der Erbmotorik: Kleine Affenkinder müssen nicht nur viele Bewegungsfiguren wie das Klettern erst erwerben (gegen M 30, 188 f.), sondern von ihrer Mutter auch den Umgang mit Neugeborenen und viele andere soziale Verhaltensweisen. Übrigens fehlen bei den Schimpansen auch die angeborenen Tötungshemmungen gegenüber Artgenossen, die Lorenz allen Tieren unterstellte. 2. Hiatus: Entgegen Gehlens Ansicht (M 152) sind zumindest die Pongiden zu einem Aufschub der Bedürfnisbefriedigung in der Lage. Goodall beobachtete z.B., wie ein Schimpanse, der eine Banane entdeckt hatte, auf die leckere Mahlzeit verzichtete, um abzuwarten, bis ein ranghöherer und stärkerer Artgenosse verschwunden war; erst dann wandte er sich der Banane zu. 3. »Gefühlsstürme«: Eindrucksvolle Naturereignisse wie heftige Unwetter oder gewaltige Wasserfälle lösen bei Schimpansen heftige Reaktionen aus; es kommt sogar zu rhythmischen Bewegungen, die einem Regentanz gleichen. 4. Bereits bei Affen gibt es soziokulturelle Traditionen. Besonders eindrucksvoll ist das bekannte Beispiel der in Japan beobachteten Makaken, die (wie die Rhesusaffen) zu einer Gattung meerkatzenartiger Affen gehören. (AG 4: 224) Im Herbst 1953 wusch zum erstenmal ein junges Affenweibchen eine Süßkartoffel im Wasser. Wenige Jahre später hatte fast die gesamte Gruppe diese Angewohnheit übernommen; sie wird seitdem an die nächste Generation weitergegeben. Andere Populationen derselben Art kennen diese Art der Nahrungszubereitung nicht und haben andere Traditionen ausgebildet. Ob man bei Affen deshalb schon von Kultur sprechen sollte, ist eher eine Frage der Begriffsbestimmung. 5. Ähnliches gilt für den Begriff der Institution: Schimpansenpopulationen besitzen komplizierte soziale Gefüge (Protoinstitutionen), deren Strukturprinzip, wie in archaischen Gesellschaften, offensichtlich Verwandtschaftsverhältnisse sind.

Dass die Diskontinuitäten zwischen Tieren und Menschen nicht übertrieben werden sollten, schimmert manchmal auch bei Gehlen durch. Allein auf seine Instinkte könne sich kaum ein Tier stützen: »Sehen wir von den ziemlich seltenen unbelehrbar starren Instinkten der geselligen Insekten ab, so finden wir, von den Amöben an, Lernleistungen.« (AG 3: 494) Bereits bei den Reptilien, so rechnete ein Wissenschaftler aus, sei die Menge der über die Gene übertragenen Informationen geringer als diejenige, die ein Tier im Laufe seines Lebens selbst erwerben müsse.[56]

Wie Ernst Mayr feststellte, werden im Laufe der Naturgeschichte geschlossene Verhaltensprogramme schrittweise durch offene ersetzt. Es muss immer mehr gelernt werden. Eine solche Entwicklung findet sich vor allem in der Stammreihe der Primaten, von den Tupajas über die Halbaffen bis zu den Pongiden und den Menschen. Schließlich sind die Tiere (zumindest innerhalb der Klasse der Säugetiere), die über offene Verhaltensprogramme verfügen, denjenigen überlegen, die nur geschlossene Verhaltensprogramme, also starre Instinkte, besitzen. Je offener die Verhaltensprogramme sind, umso größer sind Flexibilität und Anpassungsvermögen – Eigenschaften, die biologisch von Vorteil sind. Der Besitz offener Verhaltensprogramme ist mithin kein Beleg für die »Mängelwesen«-These, sondern genau das Gegenteil.

Zudem funktionieren offene Verhaltensprogramme nur dann, wenn nicht weniger, sondern mehr ererbte Elemente vorliegen. Es findet also keine Reduktion der biologischen Vorgaben statt; die zweite Teilthese Gehlens gilt nicht. Für menschliches Handeln, für Informationsverarbeitung und fürs Lernen benötigen wir mehr genetische Anlagen, als es bei festgelegten Bewegungsabläufen notwendig wäre.[57] Es ist wie in der Künstlichen-Intelligenz-Forschung: Lernfähige Computer erfordern komplexere Programme als Maschinen, die nur bestimmte, wenn auch schwierige Abläufe (etwa Rechenprogramme) exekutieren. Deshalb nahm der späte Lorenz seine Bestimmung des Menschen als Instinktreduktions-Wesen ausdrücklich zurück. Carl Friedrich von Weizsäcker hat es auf den Punkt gebracht: »der Mensch ist auch im Instinktiven kein Mängelwesen«[58].

Als Fazit kann somit festgehalten werden, dass beim Menschen die genetische Vorprogrammierung nicht geringer, sondern größer ist als bei allen Tieren. Wenn man die absoluten Zahlen errechnen könnte, so hätten die Menschen mehr genetisch verankerte Verhaltensdispositionen als die Tiere. Nur ihr relativer Anteil am tatsächlichen Handeln ist kleiner, weil die andere Seite, die kulturell erworbenen Verhaltenskomponenten, noch stärker angewachsen ist.

Die vier Wurzeln der Moral

Wenn Gehlen von Instinktresiduen redet, so kann dieser Begriff auf die genetischen Vorgaben bezogen werden. Der späte Gehlen hat sich durch die ethologischen Forschungsergebnisse darüber belehren lassen, dass es mehr Rudimente instinktiver Verhaltensweisen gibt, als er früher angenommen hatte. Das zeigt sich deutlich in seinem letzten Hauptwerk, *Moral und Hypermoral.*

In *Urmensch und Spätkultur* (1956) behauptet er, dass es vor der Gründung von Institutionen gar keine Moral gegeben habe, keine stabilen sozialen Handlungsmuster. Diese Auffassung hat Gehlen in *Moral und Hypermoral* (1969) stillschweigend revidiert. Die These von der Instinktreduktion wird nicht fallen gelassen, im Gegenteil, sie bleibt vorausgesetzt. Aber es gibt verschiedene instinktive Elemente, die uns Menschen als »Sozialregulationen« dienen. Wohlgemerkt: Hier geht es nicht um Moralphilosophie, nicht um Normenbegründung, vielmehr um die Frage, ob sich in der Art und Weise, wie sich Menschen faktisch zueinander verhalten, universale Muster erkennen lassen. Die Sozialregulationen wirken als Handlungsmotive, die sich bei allen Menschen feststellen lassen. Es ist im höchsten Grade missverständlich, wenn Gehlen von »Ethik« und »letztgültigen« Instanzen redet. Was Gehlen sucht, sind die phylogenetischen Wurzeln des moralischen Handelns.

Seine grundlegende These ist, dass »es mehrere voneinander funktionell wie genetisch unabhängige und letzte sozialregulative Instanzen im Menschen gibt« (M+HM 10). Wenn also Kant behauptet, dass jeder Mensch in sich einen kategorischen Imperativ vernehme, so korrigiert Gehlen: Jeder Mensch höre in sich mehrere moralische Stimmen. Es handle sich auch nicht um »unbestimmte Verpflichtungen«, sondern um vier Appelle, die sich inhaltlich unterscheiden lassen – ohne dass man ihnen freilich eindeutige soziale Normen oder Handlungsanweisungen entnehmen könnte. Zu diesen vier Sozialregulationen ein paar Erläuterungen:

1. Das fundamentale Muster sozialen Handelns, behauptet Gehlen im Anschluss an Mauss, Lévi-Strauss und Mead, sei die Gegenseitigkeit. Zu den Verhaltensweisen, die auf dieser unzerstörbaren Figur beruhen, gehören u.a. Gabe und Gegengabe (»do ut des«), Rede und Gegenrede, Rache bzw. Strafe (»Auge um Auge«), Dankbarkeit und Versprechen, vor allem aber der Tausch und das Einhalten von Verträgen. Ohne dieses Prinzip der Reziprozität wäre soziales Zusammenleben überhaupt nicht möglich. Die philosophischen Vertragstheorien, aber auch die Diskurstheorie der Moral haben diese Sozialregulation rationalisiert. Die Soziobiologen heben hervor, dass ähnliche Verhaltensweisen, die als reziproker Altruismus bezeichnet werden, bereits im Tierreich bekannt sind.

2. Als zweite Sozialregulation nennt Gehlen »physiologische Tugenden«. Gemeint sind »leibnahe« Handlungsmuster (M+HM 55), die sich phylogenetisch zum Zweck der Arterhaltung bewährt haben. Als Beispiel angeführt wird die »Schutz- und Pflegereaktion im Verhältnis zu kleinen Kindern« (U+S 45, M+HM 55, vgl. U+S 133). Die entsprechenden Detektoren, wie etwa das Kindchenschema, funktionieren sehr zuverlässig im mikrosozialen Bereich, eben in der Familie. Sie lassen sich auch im Tierreich feststellen. Dagegen scheint ein weiteres Motiv bei den Schimpansen unbekannt zu sein: Mitleid. Gehlen ordnet diese Wurzel moralischen Handelns hier ein, weil die Mitleidsmotiva-

tion auf die sinnliche Wahrnehmung des Leidens anderer angewiesen ist. Auch Utilitarismus und Eudämonismus haben, nach Gehlens Ansicht, eine naturale Verankerung; ihre Orientierung an Lust und Glück entspringe den physiologischen Tugenden.

3. Es folgt der »Humanitarismus«. Als äquivalente Prinzipien zählt Gehlen Solidarität, Pietät und allgemeine Friedfertigkeit auf. Der ursprüngliche Ort dieser Prinzipien war die Sippe bzw. der Klan, ein sozialer Verband, in dem sich naturale und kulturelle Faktoren verbinden, etwa Inzestverbot und Exogamie, (fiktive) Abstammungsreihen und totemistische Symbole. In den Imperien der alten Welt wurde diese Sozialregulation auf die gesamte Bevölkerung übertragen; sie führte zu den Universalreligionen, auch zum Christentum mit seiner unterschiedslosen Menschenliebe.

4. Schließlich nennt Gehlen die Institutionenmoral, insbesondere die Orientierung am Staat. Deren Prinzip sei die Sicherheit der Grundbedingungen des gemeinschaftlichen Überlebens, die Selbsterhaltung einer Nation, also die Staatsräson. Dem entsprechen die Tugenden Dienst, Pflicht, Gehorsam, Tapferkeit, Ehre usw. – der ganze Kanon kriegerischer Einstellungen. Bereits in *Urmensch und Spätkultur* gibt Gehlen eine Genealogie der Institutionen aus tief verankerten ambivalenten Reaktionsweisen gegenüber den Appelldaten. Nur starke Institutionen können Angst und Aggressivität bändigen sowie die Konflikte schlichten, die zwischen den Menschen und in ihnen brodeln.

Gehlens Grundthese, dass es verschiedene Quellen unseres intersubjektiven Weltbezugs gibt, ist in der Philosophie leider bisher kaum diskutiert worden. Um Missverständnisse zu vermeiden, sei noch einmal wiederholt, dass es nicht um Moralphilosophie geht, sondern um Anthropologie. Auf der normativ-praktischen Ebene müssen wir zwischen widerstreitenden Motivationen sehr wohl Klarheit schaffen, ob durch Argumentation, Kompromiss oder Dezision.

Allerdings muss die Vierertypologie überdacht werden. Zu theoretischen Problemen führt der unklare Institutionenbegriff. Wie Gehlen selbst weiß, sind neben dem Staat auch Sippen und Kirchen Institutionen. Im Grunde sind alle Sozialregulationen an Institutionen gebunden; das gilt auch für die Gegenseitigkeit, die sich in der Sprache verkörpert, und die physiologischen Tugenden, die sonst nicht zu evolutionär stabilen Strategien führen, sondern sich selbst zerstören.

Normalerweise, so Gehlen weiter, könne man als Mensch damit leben, dass es vier unterschiedliche Sozialregulationen gebe. Das sei im Sinne einer »motivationalen Gewaltenteilung« sogar wünschenswert. Schwierigkeiten entstehen jedoch in Krisensituationen, etwa im Krieg, wenn familiäre und institutionelle Moral miteinander in Konflikt geraten, oder in der Gegenwart infolge des Antagonismus zwischen »Humanitarismus« und Institutionalismus.

Diese zeitdiagnostische These steht hier nicht zur Debatte. Gleichwohl ist Gehlens Vermutung, dass die Verabsolutierung eines moralischen Handlungsmotivs nicht wünschenswert sei, plausibel. Dann käme es, behauptet er, zur »Freisetzung von Aggressivität« (M+HM 41 u.ö.). Ein Spezialfall sei die »Grausamkeit der reinen Tugend« (M+HM 70), bekannt durch Hegels Interpretation des Jakobinismus in der *Phänomenologie des Geistes* (1807). Gehlen spricht von »Moralhypertrophie« und meint die Moralisierung der Politik, die sich im Gefolge der Studentenbewegung abzeichnete, man denke etwa an den Widerstand gegen den Vietnamkrieg. Es gibt bessere Beispiele: moralische, politische und religiöse Fundamentalismen verschiedenster Provenienz, die zum Terrorismus und Mord mit gutem Gewissen führen können.

Eine wichtige anthropologische These Gehlens ist, dass die Sozialregulationen nicht starr sind, sondern sich erweitern lassen. Er nennt zwei Schritte der Ausdehnung, die sich bei allen Handlungsmustern feststellen ließen. Im ersten Schritt werden die auslösenden Schemata entdifferenziert. Der Detektor für das Kindchenschema etwa spricht außer auf Säuglinge auch auf Tiere an, die klein, täppisch, weich sind. Es handelt sich also um eine Art Schwellensenkung. Im zweiten Schritt kommt es zur Ablösung von den Sinnen. Die bisher ganz auf »Nahsicht« eingestellten Sozialregulationen überschreiten die Face-to-face-Beziehungen; es entstehen nun auch Verpflichtungsgefühle gegenüber unsichtbaren, persönlich unbekannten Individuen. Unser Mitleid wird weiterhin durch sinnliche Eindrücke ausgelöst; nur werden uns die Bilder von leidenden Menschen aus fernen Kontinenten jetzt durch das Fernsehen ins Wohnzimmer gebracht. Gehlen spricht von einer »Moral zweiter Hand« (A+S 138), die sich gleichwohl psychisch durchsetzen könnte.

Ansätze für die Ent-Sinnlichung gibt es bereits in archaischen Gesellschaften, in der weitverbreiteten Ahnenverehrung. Auch für die synchronen Sozialbeziehungen verschiebt sich der Horizont. Der Strukturwandel der Sozialregulationen verläuft, wie Gehlen darstellt, von der eigenen Sippe über das Königstum bis zum »Humanitarismus« (M+HM 89). Dabei wird, spätestens in den Imperien der alten Welt, die Orientierung an der eigenen Ethnie überschritten.

Die biologische Verhaltensforschung hat hierfür Analogien im Tierreich gefunden. Entgegen einer verbreiteten Annahme funktionieren nämlich Hemmungsmechanismen meistens nur innerhalb der eigenen Population, also nicht in Bezug auf alle Artgenossen. Im Ernstfall werden bei Hunden und Wölfen bloß Mitglieder der eigenen Meute geschont. Entsprechendes gilt auch für Löwen; von Hemmung kann keine Rede sein: Es gibt unter den »Königen der Tiere« mehr Tötungen von Artgenossen als in einer vergleichbaren menschlichen Sozietät. Die Verwandtschaftsgruppen, in denen die sozialen Instinkte einigermaßen zuverlässig funktionieren, werden aber schon bei Primatengruppen größer; die sozialen Bindungen dehnen sich über die erweiterte Familie aus.[59]

Die Orientierung an Familie, Sippe und Staat führt notwendigerweise zu einer Doppelmoral. Gemeint ist nicht die Kluft zwischen Einsicht und Handeln, vielmehr die Differenzierung zwischen Innen und Außen. Die Menschheitsgeschichte zeigt uns immer wieder, dass interne Solidarität mit externer Feindseligkeit einhergeht. Der Fürsorge für die Angehörigen der eigenen Gruppe entspricht die Herabsetzung der Außenstehenden. Gehlen hat das sehr wohl erkannt, aber nicht kategorial berücksichtigt.

Diese Doppelmoral verschwindet erst mit der Verallgemeinerung zu einer universalen Ethik. Gehlen beobachtet aufmerksam die Ansätze für eine solche Fernmoral. (A+S 137-140, AG 7: 58 f.) Die Ausdehnung betrifft sowohl die diachrone als auch die synchrone Dimension. Das Verantwortungsbewusstsein erstreckt sich nicht nur auf immer weiter entfernt lebende Menschen, es reicht auch immer weiter in die Zukunft und zurück in die Vergangenheit. Um 1960 scheint Gehlen einer sinnvollen Weiterentwicklung unserer moralischen Vorstellungen mit einer gewissen Sympathie zu begegnen (St. 298 ff.); doch seit der zweiten Hälfte der Sechzigerjahre bekämpft er sie als eine gefährliche Überdehnung unserer Moral, einen Hypermoralismus. Er sieht in dieser Moral einen »Idealismus« (M+HM 147), der völlig wirklichkeitsfremd sei und jedes konkrete politische Handeln »auflaufen« lasse (M+HM 174). Das gute Gewissen, das man sich verschafft, wenn man so hoch gesteckten moralischen Idealen folgt, verbindet sich mit aggressiver Intoleranz gegenüber Andersdenkenden und werde zu einer Gefahr für das soziale Zusammenleben.

Solche Argumente können allerdings nicht, wie Gehlen gern möchte, anthropologisch fundiert werden. Denn seine These ist ja gerade, dass sich Sozialregulationen erweitern und kombinieren lassen. Bereits in den alten Imperien wurden Handlungsmuster, die sich normalerweise auf Sippen oder Klans bezogen, ausgedehnt und entdifferenziert. Diese wiederum verkörpern, wie die Parole »Brüderlichkeit« anzeigt, eine »Art abstrakter Familiarität« (M+HM 88). Während aber Familien, Sippen und Imperien patriarchalisch und hierarchisch organisiert sind, kommt beim modernen »Humanitarismus« das Prinzip der Gegenseitigkeit hinzu, das formalisiert und auf alle Menschen erweitert wird. Ebenfalls integriert wird das hedonistische Moment der physiologischen Tugenden: Alle streben nach materiellem Wohlstand. Prinzipiell denkbar wäre freilich auch eine asketische Weltmoral. Obwohl die motivationale Verankerung einer universalen Moral noch nicht in Sicht ist, gibt es – entgegen der von Gehlen geäußerten Bedenken – auf der Basis seiner eigenen Annahmen keine anthropologischen Grenzen für eine solche Erweiterung.[60]

Triebtheorie

Der dritte Teil des Buchs *Der Mensch* behandelt unsere Triebstruktur und unseren Umgang mit dieser, also unseren subjektiven Weltbezug. Dabei kann Gehlen an Sigmund Freud anknüpfen; in den Fünfziger- und Sechzigerjahren hat er auch nicht mit Lob für den Begründer der Psychoanalyse gegeizt. Hinzu kommen biologische Bestätigungen durch die Instinkttheorie von Lorenz.

Im Laufe der Jahrzehnte hat die psychoanalytische Trieblehre mehrere Metamorphosen durchgemacht: Freud selbst hat aber immer eine dualistische Triebtheorie vertreten; eine monistische Trieblehre findet sich hingegen bei C. G. Jung und Wilhelm Reich. Schopenhauer nannte drei primäre Triebfedern des Menschen: Egoismus, Bosheit und Mitleid.[61] Konrad Lorenz unterscheidet in seinen exoterischen Schriften vier »große« Triebe: Hunger, Sexualität, Aggression und Flucht.[62]

Gehlen hat alle Triebtypologien abgelehnt. Augenscheinlich besteht die Gefahr der Beliebigkeit. Was ist nicht schon alles zum Trieb erklärt worden! Irgendjemand hat einmal nachgezählt: 14 046 verschiedene Triebe des Menschen sind bisher von Psychologen, Biologen und Philosophen beobachtet worden. (M 328 f., 352) Deshalb behauptet Gehlen, dass es sinnvoller sei, einen allgemeinen Antrieb zu postulieren. Er vertritt also eine monistische Triebtheorie.

Für diese Annahme führt Gehlen zwei Argumente an: zum einen die Entdifferenzierung der Antriebe (M 60, U+S 130, A+S 113). Bei den Tieren lassen sich verschiedene instinktive Verhaltensweisen mit ihren spezifischen Antriebspotenzialen unterscheiden; sie gehören zu den Funktionskreisen der Fortpflanzung, der Brutpflege, der Verteidigung usw. Bei den Menschen dagegen würden alle Verhaltensweisen aus einer Quelle gespeist; es gibt keine »aktionsspezifischen Potentiale« (Lorenz), sondern nur einen gewaltigen Motor für unser Handeln. Das betont Gehlen vor allem hinsichtlich des Sexualtriebs: Einerseits nämlich spiele das Sexuelle in allen unseren Handlungen eine entscheidende Rolle; andererseits wirken in das spezifisch sexuelle Verhalten immer andere Motive hinein, etwa Aggressivität oder das Streben nach Geborgenheit. (M 60, 357) Alle Triebe sind miteinander vermischt und durchdringen sich gegenseitig. Zum anderen die Entperiodisierung. Auch hier ist der Sexualtrieb das beste Beispiel. Im Gegensatz zu den meisten Tieren ist dieser bei uns keinen biologischen (etwa jahreszeitlichen) Rhythmen unterworfen; wir sind permanent sexuell ansprechbar. Dadurch entsteht ein chronischer Drang, aber auch die chronische Bedürftigkeit des Menschen. (M 58)

Diese Umwandlungen bewirken, dass jede Verhaltensweise überdeterminiert und jederzeit abrufbar ist. Dem Menschen steht, auch für unbedeutende Handlungen, eine »fast unerschöpfliche gerichtete Energie« (M 361) zur Verfügung. Nur bei uns existiert eine »potentielle Antriebsbesetzung schlechterdings aller menschlichen Tätigkeitsarten, von der Philosophie bis zur Kopfjägerei« (M 329 f.).

Antriebsüberschuss und Hiatus

Die für Gehlen wichtigste Konsequenz aus der Umstrukturierung unseres Innenlebens ist der Antriebsüberschuss. Die verschiedenen Quellen der Antriebe fließen zu einem riesigen Strom zusammen, der leicht über die Ufer treten kann. Dabei greift Gehlen auf Max Scheler zurück, der wiederum den Begriff »Triebüberschuss« aus Alfred Seidels Schrift *Bewußtsein als Verhängnis* (1927) übernahm. Der eigentliche Urheber der Kategorie des Antriebsüberschusses ist aber Freud. In *Jenseits des Lustprinzips* (1920) behauptet er, dass unser innerer Reizschutz schlechter ausgeprägt sei als der äußere; deshalb können wir uns gegen Reize aus der Außenwelt besser abschotten als gegen die zu einem chronischen Drang anwachsenden inneren Reize.

Gehlen betont, dass der Antriebsüberschuss für uns »Mängelwesen« überlebenswichtig ist. Wegen der Weltoffenheit und Instinktreduktion brauchen wir ein Energiepotenzial, das weit mehr Verhaltensweisen antreibt als diejenigen, die zur unmittelbaren Bedürfnisbefriedigung notwendig sind. Wir sind Wesen, die, so Gehlen immer wieder in Anspielung auf Hobbes, sogar der künftige Hunger hungrig macht. (M 51, A+S 115, U+S 50 u.ö.) Die Zukunftsorientierung des Menschen verlangt einen Antriebsüberschuss.

In der ontogenetischen Dimension ist die Neotenie für dieses Phänomen verantwortlich. In der frühen Kindheit trifft, stellt Gehlen unter Berufung auf Plessner und F.J.J. Buytendijk fest (M 358 f.), das vorhandene Energiepotenzial auf eine unfertige Motorik und Sexualität. In der langen Jugendphase des Menschen fließe dieser Überschuss in spielerische, explorative und andere zweckentbundene Verhaltensweisen ab. Sowohl Buytendijk als auch Lorenz weisen darauf hin, dass sich ähnliche Phänomene bei vielen Tieren, besonders den Affen, beobachten lassen. Auch den Antriebsüberschuss gibt es offensichtlich nicht nur beim Menschen.

Aus der Kategorie des Antriebsüberschusses leitet Gehlen ein »biologisch paradoxes Verhalten« ab (M 61): Die aus direkten Bedürfnisbefriedigungsmustern entbundenen Triebpotenziale können dazu führen, dass wir unser Leben aufs Spiel setzen. Die überschießende Energie treibt uns über das Selbsterhaltungsziel hinaus. Ohne diese Fähigkeit hätten die Menschen nie neue Ufer erreicht. Der Mensch ist das riskierte Wesen, aber er ist auch, wie Gehlen pathetisch bemerkt, das Wesen, das das Risiko sucht.

Die überschießende Antriebsenergie macht deren ständige Kontrolle notwendig; der chronische Drang erfordert chronische Disziplin, sonst würden wir unter der ständigen Überschussproduktion innerer Reize zusammenbrechen. Der Mensch steht unter »Formierungszwang« (M 59, 361). Wegen des Zerfalls der instinktiven Verhaltensweisen sind jedoch Antriebe und Handlungen getrennt; zwischen ihnen ist eine Kluft (lat. hiatus) entstanden. Dieser Hiatus ist das eigentliche »Kunststück der Natur« (M 349), ohne das wir nicht lebensfähig wären. Allerdings hat uns der Hiatus auch von instinktiven Hemmungen vor zerstörerischem Verhalten abgekoppelt.

Bei dem Psychiater Bürger-Prinz wird das Hiatus-Konzept zu einem Sanduhr-Modell weiterentwickelt. Der Mensch ist gleichsam in der Mitte eingeschnürt: Jeder Antrieb, der sich in Aktivität umsetzen will, muss eine schmale Stelle passieren. Der Hiatus ermöglicht nämlich die Stellungnahme zu jedem inneren Reiz: Will ich diesem Antrieb jetzt oder überhaupt folgen? Ein wesentliches Merkmal des Menschen ist seine Fähigkeit, Triebaufschub oder sogar Triebverzicht zu leisten. Das haben vor Gehlen schon Hegel, Freud und G. H. Mead behauptet. Wie bei Herder, Nietzsche und Scheler ist der Mensch bei Gehlen das Wesen, das »Ja« und »Nein« sagen kann. Selbst organisch repräsentierte Triebe wie der Hunger oder die Sexualität können total gehemmt werden (Hungerstreik, Zölibat). Jedoch verursacht der Hiatus auch das permanente Gefühl: Ich hätte anders handeln können. Erst durch ihn kann der Mensch wahrnehmen, dass er ein Inneres besitzt. In der Kluft zwischen Bedürfnissen und ihrer Befriedigung wächst das Phänomen, das man »Seele« nennt. Weil die Triebe entdifferenziert und entperiodisiert sind, entwickelt sich erst ein vereinheitlichtes Innenleben. Denn sonst würde jeder Mensch in sich verschiedene Abteilungen und Phasen spüren; es gäbe weder eine diachrone noch eine synchrone Kontinuität. (U+S 132, A+S 116)

Auch die »Seele« ist ein historisches Phänomen; Gehlen konstatiert epochale Strukturveränderungen in unserer Sichtweise des Inneren. Was die Menschen unter »Seele« verstehen, ist durch die gesellschaftlichen Verhältnisse geprägt. Erst die soziale Integration der archaischen Stammesgesellschaften ermöglicht, so Gehlen, die Integration der einzelnen Seelenteile. (U+S 183) Die Vorstellung einer individuellen Seele entsteht mit den Universalreligionen und dem Monotheismus. (U+S 151 Anm., 179, 227) Schließlich konnte man nur in der modernen Welt, die durch Technik und Naturwissenschaften bestimmt ist, auf den Gedanken kommen, die Seele, in Analogie zum Äußeren, als »Fakteninnenwelt« zu verstehen und experimentell zu untersuchen. (U+S 107 ff.) Eine weitere Veränderung erfolgt Mitte des 18. Jahrhunderts: Noch die christliche Seele war immer auf ein Anderes bezogen, aber der moderne Individualismus macht die objektlose Seele möglich, den von Gehlen kritisierten Subjektivismus. (A+S 204)

Durch den Hiatus sind für den Menschen die Mittel gegeben, sein eigenes Inneres umzugestalten. Die Plastizität bildet ein wesentliches Merkmal unseres Innenlebens. Alle Antriebe sind hemmbar, aufschiebbar, verschiebbar, kombinierbar, konvertierbar, entwickelbar, sublimierbar usw.; viele dieser Begriffe kann Gehlen von Freud übernehmen. Es lassen sich zwei große Schritte dieser Arbeit an sich selbst unterscheiden.

Im ersten Schritt werden die Antriebe orientiert. Der allgemeine Antrieb, den Gehlen annimmt, ist nicht auf irgendwelche Objekte bezogen. Er muss diese Objekte gezeigt bekommen; es müssen Bilder eingepflanzt werden, an denen sich der Antrieb ausrichten kann. Erst wenn dies geschehen ist, kann von Bedürfnissen gesprochen werden. Dadurch ist es möglich, dass die Bedürfnisse den Handlungssituationen, in die der Mensch gestellt ist, »nachwachsen« (M 52, 336). Insofern sind für Gehlen alle Bedürfnisse soziokulturell entstanden. Die Bilder, die sich zwischen die menschliche Bedürfnisstruktur und ihre Befriedigungsmuster schieben, entfernen sich immer weiter von den Erfüllungssituationen. Die Zwischenstadien verselbstständigen sich. Wir begehren nicht nur die unmittelbare Bedürfnisbefriedigung, sondern auch die Mittel der Befriedigung und die Mittel für die Mittel. Durch diese »fortschreitende Indirektheit des menschlichen Verhaltens« (M 52) wird nicht nur die Effektivität unseres Handelns erhöht (z.B. bei der Werkzeugherstellung), es kann auch vermehrt zu Ablenkungen, Deformationen und Störungen kommen.

Im zweiten Schritt werden die Antriebe versprachlicht. Die Orientierung der Antriebe, die zunächst durch ihre Besetzung mit Bildern erfolgte, überschreitet die symbolische Schwelle. Alle Zustände des Inneren können in Worte gefasst und dadurch stabilisiert werden. Das Innere wird sprachmäßig; es bekommt eine »Grammatik« (AG 4: 135). Das ist zugleich der Schritt vom Bedürfnis zum Interesse.

Ins Innere übersetzt werden die grundlegenden Strukturen und Institutionen einer Gesellschaft. Dauerinteressen sind, wie Gehlen hervorhebt, »immer die subjektiven Korrelate objektiver Institutionen« (M 56); sie »bilden, samt der in sie eingegangenen ›ideés directrices‹, das Rückgrat unseres Inneren« (U+S 76). Gehlen spricht von einer »Außen-Innenverschränkung« (A+S 56 f.). Im strengen Sinne gebe es gar keine subjektiv-psychischen Prozesse, keine Innenwelt, sondern, mit einem Ausdruck von Novalis, eine »innere Außenwelt«. Gehlen plädiert für die vollständige Versprachlichung des Inneren: »Ein Mensch, der es [...] zu keiner weltzugewandten und dauertätigen Bedürfnisformierung und Interessenarchitektur bringt, entartet im Überdruck des drängenden Antriebsüberschusses in selbstzerstörerischen Süchten.« (M 59 f.)

Sodann ermöglicht der Hiatus die Umkehr der Antriebsrichtung. Tiere kennen nur das Appetenzverhalten, also die Suche nach reizauslösenden Situationen. Nach den Konsummationsbewegungen erlischt das Appetenzverhalten, weil der zugrunde liegende Antrieb befriedigt wurde. Gehlens These ist, dass dem Menschen die Vertauschung von Mittel und Zweck gelungen ist. Nicht das Befriedigungserlebnis wird erstrebt, sondern der Akt, bei dem dieses auftrat. Die Umkehr der Antriebsrichtung ist ein Beleg für unsere Herrschaft über unsere Antriebe und für unser Streben nach Selbststeigerung.

Dadurch werden Zustände der Ekstase bewirkt, die sich durch

zwei Merkmale auszeichnen: erstens die Aufhebung der Grenzen zwischen dem einzelnen Menschen und der Welt, zweitens die Steigerung der eigenen Empfindungen. In den archaischen Gesellschaften geschah die Umkehr der Antriebsrichtung durch nicht zweckhafte soziale Handlungen wie Tanz und Musik. Ekstasen können in zwei Richtungen weiterentwickelt werden (U+S 236 ff.): Nahe liegend ist die fortgesetzte Entdifferenzierung im Rausch. Antriebe wie Hunger und Sexualität werden als Mittel eingesetzt, um die mit den Befriedigungen verbundenen psychischen Zustände zu erreichen. Darin vermutet Gehlen die anthropologische Grundlage des Glücks. Die Umkehr der Antriebsrichtung eröffnet aber noch eine andere Möglichkeit. Neben den positiven Empfindungen können auch die negativen angestrebt werden, also Schmerz statt Lust. Aus einer solchen »Schmerz-Ekstase« (U+S 241) ist die Askese geboren. In der Askese werden die Empfindungen nicht gesteigert, sondern unterdrückt, die Differenzen werden nicht aufgehoben, sondern verstärkt. Auf diese Weise, so Gehlen mehrfach, ist die Askese »eine Fortsetzung der Instinktreduktion selber, d.h. des Prozesses der Menschwerdung« (M 54, vgl. A+S 66, U+S 242 u.ö.). Sie bleibt in der Regel kleinen Eliten vorbehalten.

Der späte Gehlen unterscheidet zwischen drei Formen der Askese (M+HM 73-77); man kann sogar von drei Stadien sprechen, weil die einzelnen Gestalten in der jeweils folgenden aufgehoben sind. Der erste Typ ist die Askese als »stimulans«, also als Exerzitium zur Steigerung der eigenen Produktivität oder des Selbstgefühls. Asketische Personen dieses Typs sind »in Form« (M 375), nur so seien hohe kulturelle Leistungen möglich. Beim zweiten Typ, der Askese als »disciplina«, wird diese Art der Selbstformierung weniger für eigene Interessen eingesetzt als zum Dienst für das Gemeinwohl und zur Pflichterfüllung. Ohne solche Akte der Disziplinierung wäre das menschliche Zusammenleben ständig gefährdet. Im dritten Stadium, der Askese als »sacrificium«, steigert sich der Dienst für die Institutionen zum Opfer für diese. Bewusst werde das große Risiko gesucht, um mit dem »›Ganzen‹ des Daseins in Deckung zu kommen« (M+HM 76). Auf diese Weise gewinnt die Askese die Bedeutung eines metaphysischen Aktes.

Zur Revision der Triebtheorie

Bereits 1951/52 hat sich Gehlen den freudschen Hypothesen zum Aggressionstrieb angeschlossen. Wenn das Individuum seine Aggressivität hemmt, so referiert er dessen späte Triebtheorie, wird es selbst beschädigt. In zivilisierter Form zeigen sich die aggressiven Komponenten »in den gewaltigen Ladungen innersozialer Gereiztheit« oder im »allgegenwärtigen Mißtrauen, mit dem sich die Menschen gegenübertreten« (A+S 61, M+HM 44). Am Ende von *Urmensch und Spätkultur* (1956) hat Gehlen darauf hingewiesen, dass in einer pazifizierten Welt im Schatten der Atombombe schwere Konflikte »ausbruchslos in den Menschen weiterschwelen« (U+S 264). In *Moral und Hypermoral* (1969) stimmt er ausdrücklich Konrad Lorenz zu, für den Aggressivität ein »echter Instinkt mit endogener Erregung« ist. (M+HM 43) Aus dem Aggressionstrieb wird eine Reihe von Handlungsmustern abgeleitet, von der Kritik über die Rivalität bis zur Tötung von Wehrlosen. Jede Schandtat ist den Menschen zuzutrauen, vor allem in Gesellschaften, in denen die Aggressivität nicht mehr über harte körperliche Arbeit abgeleitet oder durch eine feste Sozialordnung bzw. Institutionen abgefangen werden kann. Übrigens betont Gehlen die geschlechtsspezifischen Unterschiede: Aggressivität sei vor allem bei Männern zu finden; bei Frauen fehle sie, weil sie sich nicht mit ihrer Sexualität verbinden lasse. (M+HM 43, 180) Aus verklemmter

Sexualität oder anderen Frustrationen lassen sich aggressive Handlungen nicht herleiten; es handle sich um eine autonome Quelle.

Wenn es aber einen separaten Aggressionstrieb gibt, warum soll es dann nicht auch andere Triebe geben? Gehlen gesteht zu, dass sein Plädoyer »gegen eine abzählbare Zahl definierter Instinkte« nicht aufrechterhalten werden kann. (AG 4: 230) Man muss, schreibt er, »mit Instinktformeln arbeiten, bei denen jeweils ein natural eindeutiger Kern (der Sexualakt, der gewalttätige Angriff) von einem ›Hof‹ von diffusen Auswirkungen, Abflüssen, Vermischungen, Sublimierungen usw. umgeben ist, wobei diese ›Höfe‹ in liquider Weise sich durchdringen können« (AG 4: 230, vgl. 224, 241). Ganz mag er sich von seinem früheren Ansatz nicht trennen; deshalb wird ein Kompromiss vorgeschlagen: Es gebe beides, sowohl eine allgemeine »Antriebsenergie« als auch stärker konturierte Antriebe. (AG 4: 218 f.) Auf jeden Fall kann die theoretisch elegante Lösung des Triebmonismus empirisch nicht bestätigt werden.

Wenn man überhaupt in diesem Sprachspiel verbleiben möchte, spricht vieles für einen triebtheoretischen Pluralismus. Die Anzahl der Antriebe lässt sich kaum bestimmen; deren vollständige Auflistung kann auch nicht die Aufgabe der philosophischen Anthropologie sein. An dieser Stelle soll nur auf einen wichtigen Punkt eingegangen werden, in dem interessanterweise verschiedene theoretische Ansätze konvergieren und aus dem sich Konsequenzen für die normative Dimension ergeben. Es geht um einen wichtigen Trieb, der von Freud und Gehlen nicht genügend berücksichtigt worden ist. Er soll hier »Bindungstrieb« genannt werden.[63]

Der Ethologe Harry Harlow wies in den Fünfzigerjahren nach, dass Affenbabys gar nicht deswegen auf ihre Mütter fixiert sind, weil sie diese als Nahrungsspenderin benötigen.

Hunger und Durst könnten auch auf andere Weise gestillt werden. Es gibt offenbar ein weiteres Bedürfnis, das Harlow »Kontaktbehagen« nannte. Dieses Bedürfnis bindet die kleinen Affen an ihre Mütter. Erstaunlicherweise verstärkt sich die Bindung der Affenkinder an ihre Mutter noch, wenn diese ihnen unangenehme Erfahrungen bereitet, z.B. durch Strafen.

Diese Erkenntnisse passen zu den bahnbrechenden Untersuchungen über menschliche Kleinkinder, die René A. Spitz bereits in den Vierzigerjahren vorgelegt hat. Schwere Entwicklungsstörungen wie der Hospitalismus, so fand Spitz heraus, treten auch dann auf, wenn alle physischen Bedürfnisse befriedigt worden sind; entscheidend ist der Mangel an emotionaler Zuwendung. Auf breiter empirischer Grundlage wurden diese Forschungen von dem britischen Kinderpsychologen John Bowlby fortgesetzt.[64] Bowlby ist der Verbindungsmann zwischen Freud und Lorenz; er bezieht sich sowohl auf die Psychoanalyse als auch auf die Ethologie. Seine These ist, dass es bei kleinen Kindern offenbar ein angeborenes Streben nach einer Bezugsperson gibt. Man kann bei Babys eine Reihe von Handlungsmustern beobachten, mit denen sie sich aktiv (also nicht in Reaktion) um körperlichen Kontakt bemühen. Zu den Verhaltensweisen, die diesem Komplex zuzurechnen sind, gehören genau diejenigen, die Eibl-Eibesfeldt als universale instinktive Verhaltensweisen bei Neugeborenen ermittelte. Alle konvergieren in dem Streben nach einer primären Bindung.

Deshalb ist es wohl berechtigt, mit einem natural verankerten Bindungstrieb zu rechnen. Dieser Trieb umfasst, wie auch die beiden Triebe bei Freud, mehrere Partialtriebe – also u.a. das Streben nach »Kontaktbehagen«, die angeborenen Saug- und Greifreflexe sowie universale Ausdrucksbewegungen. Ihm entsprechen auf der anderen Seite, also der primären Bezugsperson, der Detektor für das Kindchenschema und viele andere

Komponenten instinktiver Verhaltensweisen. Es ist sinnlos, sich bei der Untersuchung auf ein Individuum zu beschränken; der Bindungstrieb erfordert komplementäre Verhaltensweisen eines anderen Individuums, etwa der Mutter.

Diese Einsichten nötigen zu einschneidenden Revisionen der psychoanalytischen Triebtheorie. Denn Freud hat soziale Beziehungen immer nur vom Standpunkt eines Interaktionspartners betrachtet; andere Personen sind generell Objekte, an denen die Triebe ihr Ziel erreichen. Die individuelle Entwicklung beruht, so Freud, auf einer inneren Psychodynamik, die sich primär zwischen den drei Instanzen Es, Ich und Über-Ich abspielt. Ansätze für eine stärkere Berücksichtigung der interindividuellen Beziehungen finden sich bei dem Freud-Anhänger Sandor Ferenczi (1873-1933). Der Psychoanalytiker Michael Balint (1896-1970) hat schon in den Dreißigerjahren eine »primäre Objekt-Liebe« postuliert. In der »Londoner Schule«, deren bekanntester Vertreter heute der Kinderpsychoanalytiker Donald W. Winnicott (1896-1971) ist, sind diese Erkenntnisse ebenso weiterentwickelt worden wie in der Theorie der Objektbeziehungen. Im Umkreis der kritischen Theorie finden sich die entsprechenden Revisionen bei Erich Fromm, zum ersten Mal in seinem Buch *Die Furcht vor der Freiheit* (1941). Fromm ergänzt die psychoanalytische Triebtheorie durch die Annahme eines Strebens nach Verbindung mit der Welt: Es gebe primäre Bedürfnisse, die sich auf die Beziehungen zu anderen Menschen und die Überwindung der Einsamkeit richten.[65]

Diese triebtheoretischen Überlegungen legen folgende Zusammenfassung nahe: Es gibt eine Reihe von natural verankerten Trieben, die gesellschaftlich überformt werden und sich gegenseitig durchdringen; der Aggressionstrieb mag dazugehören. Auf jeden Fall sind wir zahlreichen widerstreitenden inneren Appellen ausgesetzt. Es gibt nicht nur einen Überschuss an

»Antriebsenergie«, wie Gehlen meint, sondern auch einen Überschuss verschiedener Handlungsimpulse. Wir sind ständig zur Stellungnahme und Entscheidung gezwungen. Deshalb ist ein Ausgleich der antagonistischen Triebe notwendig, so zwischen dem Streben nach Bindung und dem Streben nach Selbstständigkeit. Diese beiden grundlegenden Orientierungen können nicht versöhnt werden, es ist nur eine prekäre Balance zwischen ihnen möglich. Das Wechselspiel dieser beiden Triebe ist anthropologisch tief verankert; aber auf den unterschiedlichen Niveaus der menschlichen Entwicklung, sowohl in der ontogenetischen als auch in der phylogenetischen Dimension, zeigt es sich in immer wieder anderen Gestalten.

Ein kritisches Fazit

Gehlens Stellungnahmen zur Naturalismus-Kulturalismus-Kontroverse und zum Optimismus-Pessimismus-Streit lassen sich nun abschließend beurteilen. Sowohl immanente Kritik als auch externe empirische Einwände führen zu einer Revision seiner »Mängelwesen«-Konzeption.

In allen drei Weltbezügen zeigten sich universale Handlungsmuster, die natural verankert sind und auf die sich der Mensch verlassen kann. Erinnert sei an die konstruktiven Fähigkeiten des Menschen, die Sozialregulationen und den Hiatus. Zudem sind einige der Belege, die Gehlen für seine »Mängelwesen«-These angeführt hat, gar keine biologischen Defizite, sondern Vorzüge. Gerade weil unsere Verhaltensprogramme nicht geschlossen sind, können wir sie so stark weiterentwickeln und optimieren. Der Mensch »entbehrt«, wie Gehlen betont, »der tierischen Einpassung in ein Ausschnitt-Milieu« (M 35); er ist organisch nicht spezialisiert – aber deshalb ist ihm das Überleben in vielen und in wechselnden Umwelten möglich. Marquard nennt diesen »Umschlag«, dessen sich Gehlen bewusst war, eine »bonum-durch-malum-Figur«[66]. Die Nicht-Anpassung entpuppt sich als Anpassung zweiter Stufe. Insofern ist der Mensch kein »Irrläufer«, sondern eine »List« der Natur.

Ein weiteres Argument gegen die »Mängelwesen«-These ist ebenfalls von Gehlen selbst erörtert worden. In seiner Kritik der darwinistischen Abstammungslehre lehnt er den (neben der Variation) zweiten Faktor ab, die Selektion oder den »Kampf ums Dasein«. Das ist konsequent, denn sonst ließe sich nicht erklären, wie das »Mängelwesen« Mensch hätte überleben können in Konkurrenz zu den anderen Arten, die gemäß seinen Prämissen optimal ausgestattet sind. Nur nach langen Zeiträumen konnte die kulturelle Entwicklung unsere biologischen Schwächen ausgleichen; Institutionen wären nach Gehlens Spekulationen in *Urmensch und Spätkultur* erst vor einigen zehntausend Jahren entstanden. Deshalb vermutet er, dass die frühen Vertreter der menschlichen Gattung in einer Art Paradies ohne natürliche Feinde gelebt haben müssen. (M 128, AG 4: 86) Diese Behauptung ist nicht ganz abwegig. Prozesse der Annidation (Einnischung) und geographischen Isolation haben in der Evolution öfter eine wichtige Rolle gespielt: Populationen ziehen sich in ein begrenztes Biotop zurück und können sich dort in Ruhe entwickeln. War für die Menschengattung die Oldoway-Schlucht in Ostafrika so ein Schonraum? Aber in anderen Regionen trafen unsere entfernten Vorfahren sowohl auf ungünstige Klimabedingungen (z.B. die Eiszeiten) als auch auf natürliche Feinde (Säbelzahntiger, Bären u.a.). Insbesondere konkurrierten in den Anfängen der Menschwerdung verschiedene Arten oder Unterarten miteinander, so vor zwei Millionen Jahren in Ostafrika mehrere Vertreter der Australopithecinen und ein Vertreter des Homo-Entwicklungsstranges (Homo habilis, später Homo erectus). Aus der Homo-sapiens-Art hat sich der Neandertaler, den es bis vor ca. 35 000 Jahren gab, nicht gegen die Unterart der Cromagnon-Menschen, unsere Urahnen, behaupten können. Zudem läuft der Selektionsprozess nicht nur zwischen Arten und Unterarten ab, sondern auch zwischen Populationen und Individuen. Die Evolution hätte also intraspezifisch einen Ausleseprozess gefördert, in dem die »Mängelwesen« (d.h. die relativ unangepasstesten Individuen) ohne Chance gewesen wären. Insofern ist die oben kritisierte Vermutung der Domestikationstheoretiker konsistenter, die Instinktreduktion beim Menschen sei ein sekundärer Zustand.

Insgesamt kann also festgehalten werden, dass die Menschengattung von der Natur sehr wohl ausreichend ausgestattet worden ist; wir verfügen über universale Handlungsmuster, die unser Überleben und Zusammenleben erleichtern. Die körperlichen Schwächen des Menschen sind offensichtlich; bezeichnenderweise sind unsere nächsten Verwandten im Tierreich die Zwergschimpansen (Bonobos), nicht etwa die massigen Gorillas. Aber alle vorhandenen naturalen Defizite werden von Gehlen überbetont. Sein extremer Kulturalismus lässt sich nicht halten; die Rede vom Menschen als einem *biologischen* »Mängelwesen« kann verstummen.

Natur und Kultur

Vielleicht hat Gehlen das Verhältnis von Natur und Kultur prinzipiell falsch gefasst. Bei ihm stehen diese beiden Instanzen in einem Komplementaritätsverhältnis: Je mehr Natur, desto weniger Kultur ist möglich – je weniger Natur, desto mehr Kultur ist nötig. So bestehe etwa zwischen instinktivem und intelligentem Verhalten »eine Tendenz zur gegenseitigen Ausschließung« (M 26, vgl. A+S 104, U+S 125). Genau diese These wurde oben zu widerlegen versucht. Lernen und Kreativität erfordern nicht weniger, sondern mehr genetische Vorprogrammierung. Je mehr Natur, desto mehr Kultur. Natur und Kultur stehen sich nicht so fremd gegenüber, wie Gehlen manchmal andeutet, sie stützen sich gegenseitig und sind ineinander verschlungen. Biologische und soziokulturelle Prozesse wirken zusammen.

Für eine solche anthropologische Konzeption, innerhalb deren die Metakategorie der Wechselwirkung zentral ist, finden sich schon bei Gehlen Belege. In *Moral und Hypermoral* schreibt er, dass sich alle Handlungsmuster von zwei Seiten betrachten lassen: als naturale und als kulturelle. (M+HM 9, 165 f.) Sein Beispiel ist die Sprache: »Da die Sprache als artgemäße Kommunikation ohne Zweifel instinktive Wurzeln hat und außerdem eine der Ausdrucksbahnen des Instinkts der Gegenseitigkeit darstellt, wird das Zusammenspiel biologischer und kultureller Komponenten an diesem Einzelfall sehr deutlich.« (M+HM 166)

Die menschliche Sprache ist tatsächlich ein gutes Beispiel für die wechselseitige Abhängigkeit naturaler und soziokultureller Faktoren, wie folgende Punkte verdeutlichen: 1. Wir wissen heute, dass Pongiden anatomische Voraussetzungen fehlen, um eine leistungsfähige Lautsprache zu entwickeln; das bestätigt Gehlens These, dass ohne morphologischen »Unterbau« auch die »höheren« Kompetenzen nicht funktionieren. 2. Von instinktiven Wurzeln der Sprache würde man heute nicht mehr sprechen – aber vieles, besonders Chomskys Syntaxtheorie, deutet darauf hin, dass die menschliche Sprachkompetenz genetisch verankert ist. Sonst könnte nicht erklärt werden, warum alle Sprachen offensichtlich dieselben formalen Regeln haben. 3. Ohne soziale Interaktionen kann Sprache nicht gelernt werden, wie die Erfahrungen mit den »Wolfskindern« belegen. Umgekehrt wären soziale Handlungen ohne Sprache nicht so leicht zu koordinieren. 4. Es gibt in der Ontogenese ein kritisches

Alter (zwischen zwei und drei Jahren), das für den Spracherwerb am besten geeignet ist; das meinte Lorenz mit der »sensiblen Phase«, deren Zeitplan genetisch eingestellt worden ist.

Die Verschränkung naturaler und kultureller Faktoren ereignet sich also vor allem in der frühen Kindheit (aber auch davor, in der pränatalen Phase, und danach, bis zum Lebensende). Besonders im »extra-uterinen Frühjahr« wirken innere und äußere Komponenten, d.h. die körperliche Entwicklung und eine Vielzahl sozialer Einflüsse zusammen. Einerseits nützen die besten Sozialisationsbedingungen nichts, wenn die naturalen Anlagen total fehlen würden. Andererseits können sich ererbte Dispositionen nur unter günstigen Rahmenbedingungen aktualisieren; alle Anlagen müssen gefördert und angeeignet werden.

Weil die soziokulturelle Welt, die uns prägt, sich verändert, führt ein extremer Kulturalismus, wie ihn Gehlen vertreten hat, konsequenterweise zu einer historischen Anthropologie. Da jedoch die naturale Seite des Menschen nicht ausgeschaltet werden kann, verläuft der Wandel der anthropologischen Handlungsmuster langsamer als derjenige der Sozialstrukturen. Schon auf der gesellschaftstheoretischen Ebene lassen sich verschiedene Geschwindigkeiten feststellen; z.B. ist die technische Entwicklung in der Moderne rasanter als diejenige der politischen Institutionen. Die anthropologischen Handlungsmuster bilden Tiefenlagen der Geschichte, die ein besonders großes Beharrungsvermögen besitzen, ohne dem Wandel der Zeiten völlig entzogen zu sein.

An einzelnen Beispielen (Zeitbegriffe, Sozialregulationen, Seelenvorstellungen) wurde bereits gezeigt, dass Gehlen einige seiner anthropologischen Grundannahmen nach 1945 historisiert hat. Explizit bezeichnet er den Menschen als »geschichtliches Wesen« (U+S 8).

Auch dieser anthropologische Ansatz ist für optimistische und pessimistische Deutungen offen. Eine entscheidende Frage ist sicherlich, welche Stärke und Kraft dem Aggressionstrieb beigemessen wird. Wie Gehlen aber treffend bemerkt (M+HM 184), ist nicht die Aggressivität selbst (die der Mensch mit den Tieren teilt) das Böse, sondern das organisierte Abschlachten von Wehrlosen, deren Erniedrigung und Entwürdigung. In Umkehrung der klassischen Position halten gegenwärtig viele weniger die Triebhaftigkeit als die Vernunft für den Ursprung des Bösen.

Aber ein extremer Pessimismus, der den Menschen kurzerhand zum »größenwahnsinnig gewordenen Raubaffen« (Theodor Lessing) oder zum »Untier« (Ulrich Horstmann) erklärt, ist einseitig. Schon auf der naturalen Ebene findet der Aggressionstrieb seine Gegenspieler, etwa im Bindungstrieb; die instrumentelle Vernunft ist nur ein Aspekt der menschlichen Rationalität. In der Geschichte finden sich neben Belegen für das Böse im Menschen auch solche für Mitleid, Nächstenliebe und selbstlose Güte. Optimistisch kann man jedoch nach den Erfahrungen des 20. Jahrhunderts nicht mehr sein.

Während sich aber die Naturalismus-Kulturalismus-Kontroverse schlichten lässt, ist dies beim Optimismus-Pessimismus-Streit nicht möglich. Es handelt sich letztlich um einen metaphysischen Disput, der durch Argumente nicht zu entscheiden ist. Eine philosophische Anthropologie, die den Standards der Wissenschaftlichkeit genügen will, ist deshalb gezwungen, sich an einer bescheideneren Problemstellung zu orientieren und den klassischen Totalitätsanspruch fallen zu lassen. So lässt sich etwa im Hinblick auf verschiedene Praxisbereiche (Erziehung, Politik) fragen, wie einerseits Möglichkeiten und Stärken, andererseits Grenzen und Schwächen des Menschen einzuschätzen sind. Auch nach kritischer Überprüfung lassen sich aus Gehlens Anthropologie für die zweite Sichtweise mehr Hinweise entwickeln.

Zunächst einmal sind die Grenzen des Menschen zu berücksichtigen. Gehlen betont vor allem die Grenzen unserer moralischen Intuitionen; Überforderung sei die Signatur der Moderne. Im Bezug auf den Begriff der Weltoffenheit wurde gezeigt, dass unsere kognitiven Kompetenzen offen sind, allerdings nicht unbegrenzt. Die Grenzen unseres Verstandes und unserer Erkenntnisfähigkeiten waren schon das Thema von Kants *Kritik der reinen Vernunft*; die Grenzen der Sprache markierte Wittgenstein im *Tractatus logico-philosophicus*. Aber alle unsere Vermögen sind begrenzt, auch die Sinne, auch Fantasie, Mitleid, Verantwortungsgefühl usw. Es sollte eine der wichtigsten Aufgaben der Anthropologie sein, diese Grenzen aufzuzeigen. Das war das Programm von Günther Anders: »Eine Kritik der Grenzen des Menschen, also nicht nur der seiner Vernunft, sondern der Grenzen aller seiner Vermögen (der seiner Phantasie, seines Fühlens, seines Verantwortens usf.), scheint mir heute [...] geradezu das Desiderat der Philosophie geworden zu sein.«[67] Den Hintergrund seiner Überlegungen bildet der anscheinend unbegrenzte Fortschritt der Technik, dem wir nicht mehr gewachsen sind.

Die wichtigste Grenze des Menschen ist der Tod; die existenzphilosophischen Reflexionen setzen hier an. Aber die Endlichkeit des Menschen wird ebenso von einem Ansatz betont, der explizit mit dem »Mängelwesen«-Begriff arbeitet: Odo Marquards »skeptische Anthropologie«. Deren Grundsatz lautet: Der Mensch ist endlich, das Leben ist kurz, »vita brevis«. Marquard fährt fort: »Dieser Satz bekräftigt die anthropologische These vom Menschen als Mängelwesen temporal: Der Mensch ist das Zeitmangel-Wesen, seine temporale Primärerfahrung ist eine Knappheitserfahrung.«[68] Angesichts unserer knappen Lebenszeit können wir nicht alles völlig durchdenken, nicht alle Vorhaben verwirklichen und nicht alles grundlegend ändern.

Ein weiteres Defizit der anthropologischen Tiefenstruktur ist deren innere Zerrissenheit. Gehlen verweist mehrfach auf die »konstitutionelle Disharmonie« im Menschen. (M 326) Es gibt mehrere Wurzeln moralischen Handelns, die miteinander konfligieren können. Oft werden wir von ambivalenten Affekten beherrscht; in unserem Inneren kämpfen verschiedene, vielleicht zahlreiche Antriebe darum, die Oberhand zu gewinnen. Sehr wichtig war Gehlen der Gedanke, dass die Notwendigkeiten zu handeln weiter reichen als unsere Möglichkeiten des Erkennens. (M 303, St. 310)

Solche internen Gefälle werden dadurch verstärkt, dass wir Menschen, so Gehlen, lernfähige und plastische Wesen sind. Denn unsere verschiedenen Kompetenzen haben, wie Anders zu Recht feststellt, ganz unterschiedliche »Elastizitäts- bzw. Starre-Grade«[69]. Biologen wie Konrad Lorenz und Ernst Mayr behaupten, dass diese Diskrepanz in der menschlichen Natur begründet ist.[70] Während wir im objektiven Weltbezug wenig ererbte Muster besitzen, sei der intersubjektive Weltbezug weitgehend durch solche naturalen Komponenten bestimmt. Deshalb wären unsere Lernfähigkeiten in den beiden Weltbezügen sehr unterschiedlich; einige Kompetenzen lassen sich viel stärker steigern als andere.

In der modernen Welt, in der sich die menschlichen Fähigkeiten unter gesellschaftlichem Einfluss verändern, wachsen die Diskrepanzen zwischen den verschiedenen Kompetenzen; das instrumentelle Verhalten ist allen anderen Handlungstypen davongelaufen. Das beste Beispiel ist für Günther Anders die Atombombe: »Zerbomben können wir zwar Hunderttausende; sie aber beweinen oder bereuen nicht.«[71] Die Wirkwelt wächst immer weiter, die Merkwelt nicht.

Schließlich hat Gehlen die chronische Bedürftigkeit des Menschen herausgestellt. Auch hier dürfen Natur und Kultur nicht gegeneinander ausgespielt werden; grundlegende Bedürfnisse sind sicher biologisch verwurzelt, aber die gesamte Bedürfnisstruktur des Menschen ist soziokulturell überformt. Ihre Zahl hat sich, im Vergleich mit verwandten Tieren, vervielfältigt; sie richten sich sogar auf zukünftige und irreale Situationen. Jedem Bedürfnis entsprechen auf der einen Seite Wünsche und Hoffnungen. Die andere Seite der menschlichen Bedürftigkeit ist die Möglichkeit des Leidens. Der Antriebsüberschuss führt zu einem chronischen Erfüllungsdefizit; auch Sublimierung mildert unsere Leiden nicht. Je mehr Bedürfnisse es gibt, desto mehr potenzielle Mangelempfindungen, Schmerzen und Gefahren.

Die genannten Punkte zeigen, wie sehr wir Menschen des Schutzes vor uns selbst und vor anderen bedürfen, darüber hinaus weiterhin vor der äußeren Natur. Gegenüber dem Vervollkommnungsdenken der Aufklärung (oder gar den verführerischen Sehnsüchten nach einem »neuen Menschen«) gebührt einer »Mängelwesen«-Anthropologie allemal der Vorzug.

5. Entlastung

Der Dreh- und Angelpunkt von Gehlens Denken ist der Begriff der Entlastung. In einem Brief an Adorno vom 8. 8. 1964 schreibt Gehlen, dass diese Kategorie fast als Synonym für die menschliche Existenz benutzt werden könne. Sie bildet zudem die Brücke zwischen Anthropologie und praktischer Philosophie.

Zwar ist der Begriff der Entlastung bei Gehlen übergeneralisiert und konturlos, gleichwohl lassen sich einige wichtige Differenzierungen vornehmen. Zum einen kann man zwischen kleinen und großen Entlastungen unterscheiden[72], mit anderen Worten: zwischen internen und externen Stützen unseres Lebens. Kleine Entlastungen sind die individuellen Handlungsmuster, über die nicht mehr reflektiert werden muss, die uns keine Sorgen mehr machen. Große Entlastungen sind kulturelle Errungenschaften, an denen wir uns in unserem Handeln vertrauensvoll orientieren können. Zum anderen lassen sich die Entlastungsleistungen den drei Weltbezügen zuordnen. Somit ergibt sich folgendes Diagramm, in das sich einige der zentralen Begriffe Gehlens eintragen lassen:

	objektiver Weltbezug	intersubjektiver Weltbezug	subjektiver Weltbezug
kleine Entlastungen	Automatismen	Gewohnheiten	Hintergrunds-erfüllung
große Entlastungen	Technik	Institutionen	Kunst

Kleine Entlastungen finden sich bereits im sensomotorischen Bereich: Die Koordinationen von Wahrnehmung und Bewegung, die notwendig sind, um als Kind laufen zu lernen, werden zu Automatismen, deren man sich nicht mehr bewusst ist. Entsprechendes gilt für kompliziertere Vollzüge wie handwerkliche Tätigkeiten oder Autofahren. Wenn eine Funktion (etwa das Lenken eines Autos) zu viel Aufmerksamkeit erfordert, kann dies als Indiz dafür gewertet werden, dass sie noch nicht vollständig beherrscht wird. Der entscheidende Vorgang ist, dass Handlungsmuster, die sich bewährt haben und eingeübt worden sind, zu Selbstverständlichkeiten absinken. Sie müssen weder neu produziert noch überdacht werden. Stattdessen verschmelzen sie miteinander zu »Handlungskreisen« und bilden so den unproblematischen »Unterbau« unseres Lebens, auf dem alle höheren Leistungen ruhen. Aufmerksamkeit und Energie werden frei für neue Herausforderungen.

Kleine Entlastungen sind weiterhin die Gewohnheiten. Dieses Thema hat Gehlen schon lange vor seiner anthropologischen Wende interessiert; bereits 1927 veröffentlichte er seine *Reflexionen über Gewohnheit.* (AG 1: 97-111) In dem Buch *Der Mensch* werden die entsprechenden Überlegungen aufgegriffen und anthropologisch untermauert. Für uns Menschen, schreibt Gehlen nun, ist »die Gewohnheit, Gewohnheiten anzunehmen und einzuverleiben, also eine Haltung aufzubauen, [...] physisch und erzwungen, andernfalls man mit Zerrüttung des Nervensystems bezahlt« (M 375). Durch Gewohnheiten wird das unsichere Wesen Mensch gesichert. Wie schon Aristoteles betrachtet Gehlen die Gewohnheiten als das Fundament für moralisches Handeln. Gewohnheiten höherer Stufe sind Haltungen; darauf können Tugenden wie Ehrlichkeit, Zuverlässigkeit und Glaubwürdigkeit aufbauen. (A+S 249) Regeln, Routinen, Rituale – das sollten die Grundlagen eines richtigen Lebens sein. Der Mensch, sagt ja auch der Volksmund, ist ein Gewohnheitstier.

Nur durch einen regelmäßigen Tagesablauf, der gleichsam in Fleisch und Blut übergegangen ist, werden sportliche, intellektuelle und kreative Leistungen möglich. (M 367f.) Zudem gelingt es uns durch eingeschliffene, nicht mehr angezweifelte Verhaltensweisen, die überschießenden Antriebe zu bewältigen. Ohne die eingelebten Routinen des alltäglichen Lebens würden wir von unseren starken Bedürfnissen, vor allem den sexuellen und aggressiven Komponenten der menschlichen Triebstruktur, ständig aus der Bahn geworfen werden. Erst wenn unsere Bedürfnisse in den Zustand der »Hintergrundserfüllung« geraten, können Energien gleichsam »nach oben« abgegeben werden. Derjenige, der nicht weiß, wo er nachts schlafen kann, wird kaum produktiv arbeiten können. In diesem Punkt lässt sich eine Querverbindung zu Freuds Konzept der Sublimierung herstellen.

Gemeinsames Merkmal der Entlastungen ist die Distanzierung von der Welt. Diesen Gedanken hat Gehlen vielleicht von Paul Alsberg (*Das Menschheitsrätsel*, 1922) übernommen. Eine Kluft, ein Hiatus, bildet sich nicht nur, wie Gehlen meistens betont, zwischen den Bedürfnissen und unseren Handlungen, sondern auch zwischen uns und der Natur sowie zwischen uns und anderen Menschen. In dieser »Zwischenwelt« sind die symbolischen Formen angesiedelt; alle kleineren Entlastungen fließen in der Sprache zusammen.

Nach Abschluss des menschlichen Funktionsaufbaus sind weitere Entlastungen nötig. Im Unterschied zu den kleinen Entlastungen, die zwar auch nur vermittels sozialer Interaktionen entstehen können, aber gleichsam am Orte des einzelnen Menschen zu finden sind, sollen diese überindividuellen Stützen »große Entlastungen« genannt werden.

Die Technik ist die erfolgreichste Entlastung in unserem Verhältnis zur Natur; durch sie sind wir dem täglichen Daseinskampf entronnen. Die allgemeine Begeisterung für technische Abläufe beruht aber auch darauf, dass in ihr unsere eigenen sensomotorischen Automatismen nach außen verlagert scheinen. (A+S 156ff.) Im intersubjektiven Weltbezug übernehmen Traditionen und vor allem Institutionen diese Aufgabe; sie bilden den »Sozialzement« (A+S 246) jeder Gesellschaft. Traditionen können als kollektive Gewohnheiten angesehen werden, Institutionen als »Systeme verteilter Gewohnheiten« (U+S 23). Sie ersparen uns komplizierte Verständigungsprozesse. Schließlich dient auch die Kunst der Entlastung. (ZB 165, 222) Eine ästhetische Einstellung ist allererst Produkt von Entlastung, nämlich der Hintergrundserfüllung elementarer Bedürfnisse. Wenn Menschen im Überlebenskampf stehen, können sie zur Natur kein ästhetisches Verhältnis entwickeln. In einer ästhetischen Einstellung, vor allem im Hören von Musik und im Betrachten von großer Malerei, können wir die Negativität der Welt leichter ertragen. Die Summe aller großen Entlastungen ist die menschliche Kultur überhaupt.

Ein wichtiges Merkmal der Entlastungsvorgänge besteht darin, dass sie dem Handelnden als solche meistens nicht bewusst sind. Gehlen stützt sich nicht auf den freudschen Begriff des Unbewussten, sondern meint vielmehr dasjenige, was heute als implizites Wissen oder unproblematisches Hintergrundverständnis bezeichnet wird. Oft ist dieses Know-how somatisch verankert. Nur durch ihre Latenz können die kleinen Entlastungen ihre Aufgaben erfüllen. Wer anfängt nachzudenken, kommt aus dem Tritt. Deshalb darf die »*bienfaisante certitude*, die wohltätige Fraglosigkeit oder Sicherheit« (A+S 72, vgl. M+HM 97f. u.ö.) der Automatismen, Gewohnheiten und Hintergrundserfüllungen, nicht abgebaut werden.

Aber nicht nur die kleinen Entlastungen sind präreflexive

bzw. postreflexive Handlungsmuster, auch die großen Entlastungen sollen nach Gehlens Auffassung für die Individuen undurchschaubar und in ihren Funktionen latent bleiben. Gesellschaft und Kultur sind insofern im Unbewussten der Individuen verankert.[73] Problematisch ist Gehlens unreflektierte Überzeugung, dass normative Überzeugungen unreflektiert bleiben sollten; wir sollten von Reflexion, Argumentation und Diskussion weitgehend entlastet werden, um das Handeln nicht zu stören.

Belastungen und Fantasie

Ist Entlastung uneingeschränkt positiv zu beurteilen? Obwohl Gehlen dies an vielen Stellen nahe legt, kann die Entlastungsregel einer immanenten Kritik unterzogen werden. Es finden sich in Gehlens Werk einige gegenläufige Aspekte, die unterbelichtet geblieben sind. Er hat selbst bemerkt, dass es negative Folgen von Entlastungen gibt. Entlastung ermöglicht zwar die Entfaltung »höherer« Fähigkeiten, aber nur in eine bestimmte Richtung; denn sie legt die Bahnen fest, auf denen man sich weiterbewegen kann. Viele Entlastungen schaffen neue, gleichwertige oder sogar stärkere Belastungen. Diese Ambivalenz zeigt sich an einem Begriff wie »Übersicht«. Durch Entlastung, schreibt Gehlen bewusst doppelsinnig, »übersehen« wir vieles, wir gelangen zu einem Überblick, vernachlässigen jedoch zugleich viele Einzelheiten. Unser Blick erweitert sich durch Tiefenverlust, er vertieft sich durch Verengung.

In dieser Hinsicht argumentiert Gehlen inkonsequent. Auf der anthropologischen Ebene wird den Entlastungsgefahren keine große Bedeutung zugemessen. Auf der zeitdiagnostischen Ebene hingegen werden sie zu sozialen Pathologien erklärt, etwa die zu starke Distanzierung von der Welt, die Vermeidung körperlicher Anstrengungen und die Verdrängung negativer Lebenserfahrungen in den Wohlstandsgesellschaften (M 315, A+S 64f. u.ö.); darauf stützt sich seine Kritik am modernen Leben und vor allem an den weltfremden Intellektuellen. In der technisierten Welt, die uns vom Überlebenskampf und von harter Arbeit entlastet hat, wächst der Antriebsüberschuss; die Aggressivität richtet sich sinnlos gegen Mit- und Innenwelt.

Weitere Beispiele lassen sich leicht finden. Die Sprache etwa entlastet uns vom sensomotorischen Umgang mit den Dingen und schafft zugleich neue Schwierigkeiten: das mühsame Erlernen der eigenen und vor allem einer fremden Sprache, die permanente Möglichkeit gravierender Missverständnisse in symbolisch vermittelten Interaktionen, die Gefahren der Ideologieproduktion usw. Bereits Herder wies auf ein weiteres Problem hin: Weil in der Sprache schon so viel Weltdeutung vorproduziert ist, droht die jeweils eigene Kraft der produktiven Welterschließung zu erlahmen.

Entlastung und Belastung stehen also in einer dynamischen Wechselbeziehung. Entlastungen führen zu Belastungen, diese zu neuen Entlastungen usw. Es bilden sich immer wieder Gleichgewichtszustände, die gestört werden und neue Kompensationsbestrebungen auslösen, deren Ziel eine Balance auf höherem Niveau ist. Man könnte die gesamte Bewegung als einen dialektischen Prozess bezeichnen.

Eine solche Dynamik ist auch deshalb von Vorteil, weil Entlastungen, an die man sich zu sehr gewöhnt hat, zu geistlosen und irrelevanten Selbstverständlichkeiten absinken, die irgendwann nicht mehr funktionieren. (M 374, U+S 157 f.) Die höheren Funktionen müssen die unteren, ohne die sie selbst gar nicht möglich wären, immer mit neuem Leben erfüllen. Der frühe Gehlen unterscheidet ausdrücklich zwischen lähmenden und stärkenden Gewohnheiten. In gewisser Weise sind sogar alle Gewohnheiten eine Art Trägheit (M 368); mit ihnen sind wir an unsere Vergangenheit gekettet, damit auch an deren Irrtümer und Defizite. Kann man etwas dagegen tun?

Es gibt eine Gegenkraft: die Fantasie, die von Gehlen schon 1927 als Korrektiv eingeführt wird. Sie vermag es, »in neuen Anschauungen unser verhärtetes Bewußtsein zu erfrischen« (AG 1: 108, vgl. AG 3: 663). Psychische Störungen werden von Gehlen deshalb auf eine Beeinträchtigung der Fantasie zurückgeführt. (M 181 f.) Ohne sie würden wir immer auf demselben Niveau verharren. Neue Stufen der individuellen und kollektiven Entwicklung bilden sich nur durch die überschießende Kraft der Fantasie, die allerdings erst durch das jeweils erreichte Entlastungsniveau ermöglicht wird.

Dabei darf unter »Fantasie« nicht nur die künstlerische Kreativität verstanden werden, die etwa bloß musisch begabten Individuen gegeben ist. Sie zeigt sich in allen Schichten des menschlichen Funktionsaufbaus und bei allen Menschen. Gehlen klingt an solchen Textstellen fast wie Ernst Bloch. »In der Tat wäre der Mensch als Phantasiewesen so richtig bezeichnet wie als Vernunftwesen.« (M 317, vgl. AG 3: 693) »Fantasie« ist eine durchlaufende Kategorie, eine menschliche Grundkompetenz, ohne die bereits die ersten Stadien unserer ontogenetischen Entwicklung (wie Sinneswahrnehmung und Bewegungskoordination) nicht durchschritten werden könnten. Der Mensch ist nicht nur »Homo compensator«, sondern auch »Homo creator«.

Während die Gewohnheiten, wie Gehlen sagt, in uns die Macht des Vergangenen repräsentieren, stellt die Fantasie die Kraft dar, die auf die Zukunft ausgerichtet ist. Gewohnheiten sind »Niederschläge früherer geführter Handlungen« (M 366), aber wir Menschen sind, gerade weil die Natur uns nicht alles umsonst gibt, notwendigerweise Wesen, die nicht in der Gegenwart, schon gar nicht in der Vergangenheit leben können, sondern immer auf die Zukunft ausgerichtet sein müssen. Mithilfe der Fantasie können wir generell die Welt transzendieren, Raum und Zeit übersteigen. Dadurch gewinnt die Fantasie als antizipatorisch-konstruktive Kompetenz eine große Bedeutung; sie ist, so Gehlen, das »Schwungrad der Handlungen«.

Gehlen spekuliert, dass es tief im Menschen eine Urfantasie gebe, die Visionen der Selbststeigerung und Utopien eines besseren Lebens erzeugt. (M 321-326) Jedes normative System, also jede Moral, muss in diesem Sinne als Erzeugnis der Fantasie angesehen werden. Sogar die Unsicherheits- und Ohnmachtsgefühle, die mit unserer menschlichen Existenz verbunden sind, werden durch die Fantasie überwunden. Außer der Kunst sind Religionen und Weltanschauungen zu den Produkten der Fantasie zu zählen; sie ist die »götterschaffende Kraft« (M 383).

Bezeichnenderweise hat Gehlen seine Spekulationen über die Bedeutung der Fantasie nicht konsequent weitergeführt. Hätte er dies getan, müssten sowohl die Entlastungsregel als auch das konservative Ordnungsdenken revidiert werden. Während er die Rolle der Fantasie für die ontogenetischen Stadien unseres objektiven Weltbezugs deutlich macht, wird sie hinsichtlich des intersubjektiven Weltbezugs kaum behandelt. Dies gilt vor allem für die großen Entlastungen, wie der Vergleich von Technik und Institutionen zeigt. Mehrfach deutet Gehlen den technischen Fortschritt, der nicht ohne Fantasie möglich ist, als zunehmende Entlastung. Dagegen hält er eine Entwicklung der Institutionen anscheinend nicht für möglich, vor allem nicht in der Moderne. Wenn aber sogar die Fantasie »ganz eigentlich das elementare Sozialorgan ist« (M 319, vgl. 283) – warum sollten soziale Gemeinschaften nicht fähig sein, neue Institutionen zu schaffen?

Gehlens Anthropologie schöpft also die Spannweite der »conditio humana« nicht aus. Gegenüber den vergangenheitsorientierten Handlungsmustern vernachlässigt er die zukunftsorientierte Fantasie. Er betont das fundamentale Bedürfnis nach Ordnung und Sicherheit, zu kurz kommt dabei die schöpferische Kraft, mit der wir Strukturen sprengen und ins Offene streben. Plessner gelingt es in seinen »anthropologischen Grundgesetzen« besser, die fundamentalen Zweideutigkeiten unserer Existenz auf den Begriff zu bringen und auf die »exzentrische Positionalität« des Menschen zurückzuführen. Auch Claessens spricht bei seinem Versuch, Gehlens Anthropologie weiterzuentwickeln und »formale Instinktprinzipien« zu finden, von einer Regel-Tendenz, der eine Anti-Regel-Tendenz korrespondiert.[74] Wie beim Wechselspiel von Entlastung und Belastung ist es notwendig, für widerstrebende Tendenzen einen Ausgleich zu finden.

An manchen Stellen nennt Gehlen als Ziel der Entlastungsbemühungen eine »stabilisierte Spannung« (U+S 78 ff., 131 f.). Ein bekanntes Beispiel ist das Sakrale, dem wir zugleich mit Furcht und Verehrung gegenüberstehen. Diese ambivalenten Gefühle müssen in ein stabiles Gleichgewicht gebracht werden. Ein anderes Beispiel ist die Einstellung zu mächtigen Individuen; sie werden zugleich bewundert und beneidet. Gegenüber unseren Eltern sind ebenfalls oft konträre Affekte im Spiel: Einerseits geben sie uns Geborgenheit und wir lieben sie; andererseits müssen wir uns von ihnen emanzipieren und die Bindung an sie überwinden.

Der Begriff der stabilisierten Spannung lässt sich auch auf das Verhältnis von Natur und Kultur übertragen. Wir Menschen sind biologische und gesellschaftliche Wesen. Schon in jeder einzelnen Sphäre ist es schwierig genug, eine Balance herzustellen; Gehlen spricht vom biologischen und vom normativen Gleichgewicht. Zusätzlich müssen diese beiden miteinander vermittelt werden; weder derjenige, der nur seiner Natur folgt, noch der radikale Asket leisten das. »Irgendwo in der Mitte gibt es offensichtlich eine stabilisierte Spannung beider Instanzen.« (ZB 178) Allerdings bleibt Gehlen dabei, dass die Individuen ein solches Gleichgewicht nicht selbst herstellen können. Weil uns dazu die anthropologischen Voraussetzungen fehlen, müssen wir uns auf Institutionen verlassen.

6. Institutionen

Die Philosophie der Institutionen steht im Zentrum von Gehlens Nachkriegswerk; auf diese Weise wird sein anthropologischer Ansatz ins Politische und Historische erweitert. Durch marxistische und systemfunktionalistische Ansätze, die einige Jahrzehnte die Debatten bestimmten, sind institutionentheoretische Ansätze zurückgedrängt worden; aber die Renaissance der politischen Philosophie in den letzten Jahren hat die Lage verändert. In Bezug auf Gehlen hat sich dabei »quer durch alle politischen Lager immer wieder erwiesen, daß seine Arbeiten – kritisch gelesen – institutionentheoretisch schlechthin grundlegend bleiben«[75]. Prinzipiell kann man die Argumentationskette »Mängelwesen« → Entlastung → Institutionen akzeptieren. Gehlen meint jedoch, dass die anthropologisch notwendige Kompensation nur in einer hierarchischen Sozialordnung durch starke Institutionen gelingen könne; das werde in der Neuzeit durch Demokratisierungsprozesse gefährdet. Er hat nicht erkannt, dass Prinzipien der liberal-demokratischen Gesellschaften wie Machtbegrenzung, Toleranz und Kompromissbereitschaft nur in starken Institutionen verkörpert werden können. Inzwischen hat sich die moderne Demokratie auch historisch als stabil und erfolgreich erwiesen. Darüber hinaus ist sie (mit Gewaltenteilung, diskursiven Prozessen und öffentlicher Kontrolle) von allen Regierungsformen die »fehlerfreundlichste« – und damit der defizitären Struktur des Menschen am angemessensten. Dennoch sollte man Gehlens Auffassungen über Ursprung, Wesen und Zukunftsperspektiven der Institutionen zur Kenntnis nehmen.

Führungssysteme

Gehlen hat sich bereits Mitte der Dreißigerjahre, also vor seiner anthropologischen Wende, intensiv mit einer paradigmatischen Institution, nämlich dem Staat, beschäftigt und normativ-praktische Konsequenzen gezogen: Wenn man etwas erreichen wolle, so schreibt er 1935, müsse man »sich der gegebenen Institutionen bedienen« (AG 2: 340). Dennoch spielen diese in der Erstausgabe seiner Schrift *Der Mensch* fast keine Rolle. Im letzten Kapitel sollen stattdessen Religionen, Weltanschauungen und Moralsysteme in die anthropologische Betrachtung einbezogen werden, und zwar von archaischen Mythen bis hin zu modernen politischen Ideologien. Dafür prägt Gehlen den umfassenden und neutralen Begriff der »obersten Führungssysteme«.

Diese erfüllen folgende Funktionen: Erstens liefern sie eine abschließende Deutung der Welt im Ganzen, ihres Ursprungs und Sinns, einschließlich der Rolle des Menschen im Universum. Zweitens dienen sie der »Handlungsformierung« (AG 3: 714), also als normativ-praktische Orientierung für Individuen und Kollektive. Drittens erfüllen sie die »Interessen der Ohnmacht« (AG 3: 715), denn der Mensch ist ein Wesen, das in vielfältiger Weise ausgeliefert und hilflos ist. Angesichts von Misserfolg, Krankheit und Tod, überhaupt der Kontingenzen des menschlichen Daseins, spenden die Führungssysteme Trost und Hoffnung. Seit der Aufklärungszeit beschränkt sich die Religion, das Paradigma eines umfassenden Führungssystems, auf diese dritte Funktion; sie wird, wie Hermann Lübbe gesagt hat, zur »Kontingenzbewältigungspraxis«[76] – allerdings nur noch für das individuelle Seelenheil; der Sozialbezug geht verloren. Die erste Funktion übernehmen, wenn auch mit erheblichen Abstrichen, die modernen Wissenschaften. Für die zweite Funktion gab es immer wieder nichtreligiöse Angebote; doch erst seit dem 19. Jahrhundert, so Gehlen, gelingt die Abkopplung einer eigenen moralischen und politischen Wertsphäre vom integralen religiösen Führungssystem. An dieser Stelle erfolgt in der ersten Ausgabe von 1940 das bereits diskutierte Lob des Nationalsozialismus.

In der vierten Auflage von 1950 zieht Gehlen den gesamten Gedankengang zurück und ersetzt ihn durch die Theorie der Institutionen. Als Anreger nennt er den französischen Rechtstheoretiker Maurice Hauriou (1856-1929), dessen »konkretes Ordnungsdenken« er durch eine Schrift Carl Schmitts kennen gelernt habe. Von Hauriou stammt die These, dass Leitideen (idées directrices) sich in sozialen Institutionen inkorporieren müssen; nur in diesen können sie verstanden und verwirklicht werden. Ideale, die nicht institutionalisiert sind, können sich weder durchsetzen noch längere Zeit am Leben bleiben. Revolutionäre Ideen müssen von Verbänden und Parteien getragen werden; sind Institutionen einmal zerstört, so verschwinden die in ihnen verkörperten Ideen bald.

Selbstkritisch spricht Gehlen von dem »Kurzschluß« (M 383), die Menschen direkt mit den Führungssystemen verbunden zu haben. Deren unmittelbare psycho-biologische Funktionalisierung sei nicht möglich; zwischen den leitenden Orientierungen und den einzelnen Menschen bedürfe es immer einer Überbrückung – und diese, so Gehlens zentrale These, könne nur durch Institutionen geleistet werden. Mystik und Anarchismus wird so eine klare Absage erteilt. Mit Hegel gesprochen: Subjektiver und absoluter Geist können nur im objektiven Geist vermittelt werden.

In diesem Zusammenhang übt Gehlen scharfe Kritik am historischen Denken. Geisteswissenschaften und Hermeneutik könnten die Eigenart von Institutionen nicht erfassen; sie neigen zu einem oberflächlichen Nacherleben des Fremden und seien u.a. für den grassierenden Relativismus verantwortlich. Das historische Denken sei ein Desintegrationsprodukt moderner Gesellschaften, die sich einer »Enthemmung des instrumentellen Denkens« (M 392) verdanken. Wie später Daniel Bell und viele andere Zeitdiagnostiker sieht Gehlen die moderne Welt bestimmt durch den Widerstreit von instrumentellem Handeln und individuellem Subjektivismus, von Technik und narzisstischem Selbstbezug.

Das instrumentelle Bewusstsein beutet die Natur aus, das verstehende die Geschichte. (M 394) Was Gehlen im Grunde beklagt, ist das Unverständnis sowohl der naturwissenschaftlichen als auch der historisch-hermeneutischen Herangehensweise gegenüber der Sphäre des Sollens. Institutionen können aus beiden Bewusstseinsformen nicht entstehen. Dafür ist eine andere, eine dritte Art des Weltzugangs erforderlich, die Gehlen »ideatives Bewußtsein« (M 392) nennt. Dieser – wie ich sage – intersubjektive Weltbezug sei in der Moderne verkümmert.

Zur Genealogie des Normativen

Diese Gedanken werden in *Urmensch und Spätkultur* (1956) entfaltet. Dort finden sich Gehlens Hypothesen zur Entstehung von Institutionen – ein geschichtsphilosophisches Thema, das dieses Buch mit den religionssoziologischen Untersuchungen von Max Weber und Emile Durkheim verbindet, aber auch mit Freuds Schrift *Totem und Tabu*. Gehlen richtet sich dabei vor allem gegen idealistische und rationalistische Auffassungen. Vieles davon mag aus heutiger Sicht empirisch überholt sein, dennoch kann man ihn zu den Denkern zählen, die »am tiefsten in die Mentalität des archaischen Menschen eingedrungen sind«[77]. Erklärungsbedürftig sind für ihn vor allem zwei Errungenschaften der Menschheitsentwicklung: die Bildung stabiler Sozialverbände und der Übergang zu Ackerbau und Viehzucht.

Beides kann, so Gehlens feste Überzeugung, weder funktionalistisch (und insofern auch nicht biologisch) noch durch zweckrationales Handeln erklärt werden. Gemeinschaften konstituieren sich über obligatorische Normen, die sich bei uns Menschen nicht auf entsprechende instinktive Verhaltensweisen stützen können; starke Bedürfnisse mussten für langfristige Vorhaben wie die Tierzucht gerade zurückgestellt werden. Allen diesen Errungenschaften muss ein selbstzweckhaftes, aber verpflichtendes Verhalten zugrunde liegen. Die Urform dieses Handlungstyps, der bei Tieren nicht vorkommt, ist die Mimesis.

Am Anfang stehen Reste instinktiver Verhaltensweisen, nämlich Auslöser von unwahrscheinlicher Qualität, also die schon erwähnten Appelldaten. Solche Schlüsselreize sind etwa eindrucksvolle Naturphänomene (Mondfinsternisse, hohe Berge u.ä.), bedrohliche Tiere, Grenzsituationen der menschlichen Existenz (z.B. der Anblick einer Leiche) oder unerwartete Zufälle. Der Hiatus befreit die Menschen zwar von einer direkten Reaktion (etwa der Flucht), aber dennoch wird ein »Gefühlsstoß« ausgelöst, der als »unbestimmte Verpflichtung« empfunden wird. Die Appelldaten werden mit Sinn besetzt und man bemüht sich um eine (wie auch immer unzureichende) »Nachahmung« oder »Darstellung« des ungewöhnlichen Ereignisses, also um das, was andere Autoren als mimetisches Verhalten bezeichnet haben. Das geschieht nie individuell: »die darstellende Nachahmung eines eindrucksvollen Ereignisses verläuft von vornherein sozial ansteckend« (U+S 147). Die elementarste Form eines solchen Handelns sind rhythmisierte Bewegungen, die zu kollektiven Riten werden und sich vom ursprünglichen Appelldatum ablösen; man denke an die berühmten Regentänze archaischer Kollektive.

Das rituell-darstellende Handeln bildet den Ausgangspunkt für unterschiedliche Entwicklungen. Um sie auf Dauer zu stellen, werden die Rituale an manchen Orten in Bilder übersetzt – so erklärt Gehlen die berühmten Höhlenmalereien. Auf einem Weg verschmelzen sie mit den bestehenden Formen zweckrationalen Handelns zur Magie; auf einem anderen führen sie zu kollektiven Ekstasen, zum Sozialrausch. Am wichtigsten ist für Gehlen der Schritt zum Totemismus: Zum einen werden Tiere, die einst als Appelldaten fungierten, zum Bezugspunkt für das Kollektivbewusstsein der sozialen Gemeinschaft. Durch emotionale Beziehungen, soziale Kooperation oder rationale Absprachen (etwa Verträge) kann keine Wir-Identität entstehen; nach Gehlens Auffassung ist das nur über einen Umweg möglich, eben durch einen solchen Akt der Identifikation, der oft zur Fiktion einer gemeinsamen Herkunft führt. Die »innere Befriedung der Gruppe und ihre Schließung nach außen« ermöglichen sodann »eine eindeutige und stabile Zuordnung der Geschlechtsverhältnisse« (M 399); Inzestverbot und Exogamieregel sind die fundamentalen Institutionen, die so entstanden. Mord und Totschlag sowie Kannibalismus werden also nicht durch das menschliche Antlitz des anderen Gruppenmitglieds verhindert, sondern gerade durch das nichtmenschliche Antlitz des Totems, an dem die soziale Gruppe indirekt ihr eigenes Selbstbewusstsein entwickelt. Zum anderen bemüht man sich, die Totemtiere ständig vor Augen zu haben; deshalb werden Exemplare dieser Art gefangen gehalten und zum Gegenstand einer »kultischen Tierhege«. Unter geeigneten Umständen schafft man so ungewollt die Voraussetzungen für die Tierzucht und damit für den Übergang zu einer agrarischen Lebensweise. Über weitere Zwischenstufen, zu denen auch der Mythos gehört, kommt es schließlich zu den ersten Hochkulturen mit den uns bekannten Institutionen.

Der geschichtsphilosophische Grundgedanke ist der einer Heterogonie der Zwecke. An die Stelle einer primären subjektiven Zweckmäßigkeit tritt bei Gehlen die sekundäre objektive Zweckmäßigkeit. Die religiösen Frühformen verselbstständigen sich gegenüber ihrem Ursprung; menschliche Schöpfungen, die völlig anders intendiert waren und zunächst anderen Zwecken dienten, erweisen sich im Nachhinein als segensreich. Deshalb ist die Entstehung von Institutionen ein so glückliches Ereignis der Menschheitsgeschichte – und deren Zerstörung umso mehr zu bedauern.

Die Ethik der Institutionen

Institutionen sichern nicht nur das Überleben und Zusammenleben der Menschen, sie befreien uns von unserem Egoismus und zerstörerischen Sinnfragen. Denn nur in Institutionen ist ein richtiges Leben möglich. Sie stellen für Gehlen den Ort einer »höheren Art der Freiheit« (AG 4: 379) dar. Er schreibt: »Sich von den Institutionen konsumieren zu lassen gibt einen Weg zur Würde für jedermann frei.« (M+HM 75, vgl. U+S 8, 97, 208) In seinem berühmten Aufsatz *Über die Geburt der Freiheit aus der Entfremdung* (1952) heißt es: »So werden wenigstens die Menschen von ihren eigenen Schöpfungen verbrannt und konsumiert und nicht von der rohen Natur, wie Tiere.« (AG 4: 378) Diese Sätze Gehlens sind oft zitiert und vehement kritisiert worden, am schärfsten von Jacob Taubes, der das Verbrennen durch die Institutionen mit dem in Auschwitz und Hiroshima assoziierte.[78] Darauf angesprochen, welche Personen sich nach seiner Ansicht von Institutionen verbrennen lassen, antwortete Gehlen einmal: Politiker, Ärzte und Hausfrauen. Um das zu verstehen, ist sein Begriff der Institution zu erläutern.

Exakte Begriffsbestimmungen waren nicht Gehlens Sache, auch der Begriff der Institution changiert je nach Kontext. Auf der einen Seite, im allgemein-anthropologischen Sinn, verwendet Gehlen einen sehr weiten Institutionenbegriff; hingegen einen sehr engen, wenn er bestimmte Institutionen zum Maßstab erhebt oder deren Zerfall bedauert.

Allgemein können Institutionen als Gefüge sozialer Normen angesehen werden, an denen wir uns in unseren Handlungen zu orientieren haben. Man kann einen engeren und einen weiteren Begriff von Institution unterscheiden. Gehlens Paradigma einer Institution ist der Staat. Zu nennen sind außerdem Kirche und Heer. Eine fundamentale (moderne) Institution bildet das Rechtssystem. Solche Institutionen sind »dauernde und stationäre, den einzelnen Menschen übergreifende Gefüge« (U+S 250). Darüber hinaus werden von Gehlen auch informell organisierte Handlungsbereiche als Institutionen bezeichnet; dann sind alle sozialen Gruppen Institutionen, von Freundschaften und Arbeitsgemeinschaften über die Familie bis zu Ständen und Klassen. Denn auch sie konstituieren sich durch (informelle) soziale Regeln, nämlich Konventionen, Traditionen, Spielregeln, eingeschliffene Verwendungsweisen (von Werkzeugen) usw. Ein Lieblingsbeispiel von Gehlen ist der Briefwechsel. (U+S 60, St. 199) Im weitesten Sinn können Institutionen mit »gesellschaftlich sanktionierten Verhaltensmustern« (A+S 71, M+HM 96) gleichgesetzt werden.

Institutionen erbringen zwei wesentliche Leistungen für unsere Lebensgestaltung: Zum einen sichern sie zeitliche Kontinuität und soziale Stabilität. Sie überdauern in der Regel ein Menschenleben und überstehen sogar Revolutionen. Fundamentale Institutionen wie Ehe, Eigentum usw. gibt es seit Jahrtausenden. Dabei können sich die Verhaltensweisen der Individuen in ihnen durchaus verändern. Ein Beispiel sind die Olympischen Spiele, die sich großer Beliebtheit bei Teilnehmern und Publikum erfreuen, obwohl ihre ursprüngliche Leitidee längst überholt ist. Allerdings haben sie sich so verändert, dass sie unser Handeln in anderer Weise motivieren können: früher zum Ruhme der Götter, dann zur Ehre der Nation, jetzt zur Erhöhung des eigenen Marktwerts.

Nur mittels der Institutionen ertragen die Menschen sich selbst und die anderen; durch sie wird die soziale Vorverständigung der Individuen gesichert. Die wichtigste Institution moderner Gesellschaften ist das Recht; es bildet die »Grammatik« (U+S 78) einer Lebenswelt. Gehlen bestreitet nicht, dass die Institutionen unser Handeln begrenzen; Institutionen führen unvermeidlicherweise auch zur »Einschnürung und Verholzung« (St. 306). Aber die Sicherheit, die sie gewähren, ist die Voraussetzung eines gelingenden Lebens für den Einzelnen und eine soziale Gemeinschaft: »Institutionen machen [...] so versehrbare Dinge wie Freiheit und Bildung erst lebensfähig [...]. Das Verhalten der Menschen gegeneinander in die Form des Rechts zu zwingen heißt daher, den Idealen der Freiheit oder Gerechtigkeit eine Chance zu geben, sich zu materialisieren.« (A+S 257 ff., vgl. St. 214 f.)

Außerdem gibt es in jeder Gesellschaft nicht nur eine, sondern viele Institutionen (und mehrere Sozialregulationen). Weil sich diese bei jedem von uns auf andere Weise kreuzen und kombinieren, entstehen individuelle Freiheitsspielräume. Das ist auch der Kern von Marquards Lob des Polytheismus, seiner Apologie der bunten Vielfalt von Traditionen und Geschichten: »je mehr Gewaltenteilung, desto mehr Individuum«[79]. Deshalb lasse es sich, so meint Gehlen, in einer Klassengesellschaft besser leben als in einer nivellierten Massengesellschaft; zudem gebe es soziale Bereiche wie die Privatsphäre, die gar nicht oder nur wenig mit Institutionen überzogen sind.

Die zweite Leistung der Institutionen liegt in ihrer »Transzendenz ins Diesseits« (U+S 16 ff.). Damit ist gemeint, dass die Personen, die sich in die Institutionen hineinbegeben haben, über sich hinausgetrieben werden und ihre Fähigkeiten weiterentwickeln können. Denn Institutionen sind überdeterminiert. Sie sind nicht auf ein bestimmtes, klar abgrenzbares Interesse zugeschnitten; Institutionen sind immer Bedürfnissynthesen unter einer Leitidee. Sie entwickeln eine Eigendynamik, in der sie den Individuen neue Zwecke zur Verfügung stellen.

Wenn wir uns in eine Institution hineinbegeben, um ein bestimmtes Bedürfnis zu befriedigen, so wird dieses in der Regel bald in den Zustand der »Hintergrundserfüllung« treten; d.h., die direkte Befriedigung des ursprünglichen Bedürfnisses ist gar nicht mehr Motiv und Intention unseres Handelns. Die objektiven Regeln können mit neuen subjektiven Bedeutungen aufgeladen werden; wir können andere und höhere Interessen verfolgen, ohne die fundamentalen Regeln des Zusammenlebens zu stören. Die Entlastungsregel besagt ja, dass wir nur im »Zustand einer virtuellen Dauererfüllung« (St. 204) grundlegender Bedürfnisse in der Lage sind, Energien »nach oben« abzugeben. Es entwickeln sich Sachinteressen, moralische Haltungen werden verfeinert und Affekte sublimiert.

Institutionen in der Moderne

Durch den Monotheismus wurden die Institutionen bereits geschwächt, indem den diesseitigen Transzendenzen eine jenseitige übergeordnet wurde. Aber erst der »Weltprozeß der Industrialisierung« (A+S 73) zerstört die Institutionen; der Abbau alles Institutionellen ist für Gehlen die Signatur des Zeitalters. Dabei gibt es nationale Unterschiede; gemäß Gehlens Zeitdiagnose wurden im 20. Jahrhundert in Deutschland viel zu viele Institutionen verschlissen. Allerdings lösen sie sich nicht völlig auf, sondern werden zwischen Superstrukturen und Organisationen eingezwängt. Institutionen sind nämlich von gesellschaftlichen Strukturen einerseits und von sozialen Organisationen andererseits zu unterscheiden. Strukturen bilden das innere Gefüge der Gesellschaft als Funktionszusammenhang, ihr Skelett. Für die Weltgesellschaft der Gegenwart spricht Gehlen von einer »Superstruktur« (A+S 152 f.), einem Verbund aus Technik, Naturwissenschaft und Kapitalismus. Organisationen sind zweckgerichtete Handlungsbereiche; sie stellen die Organe der Subsysteme dar, man denke beispielsweise an den kapitalistischen Betrieb als Teil der globalen Superstrukturen. Organisationen unterscheiden sich von Institutionen dadurch, dass sie nicht souverän sind.

Im Unterschied zu Strukturen und Organisationen, so hebt Gehlen hervor, sind Institutionen an Leitideen gebunden, an eine »Charta« (wie Schelsky sich ausdrückte) bzw. an ein normatives Prinzip. Mit den verselbstständigten gesellschaftlichen Strukturen verbinden wir dagegen keinen Sinn; auch soziale Organisationen sind bloß auf zweckrationale Bestimmungen angelegt.

Gehlens These ist, dass die Organisationen die Leistungen der Institutionen nicht vollwertig übernehmen können. An die Stelle des Staates etwa treten verschiedene politische Organe, Behörden und Ämter, die eine Flut von Gesetzen und Verordnungen über die Individuen ergießen. Deshalb kann Gehlen zugleich den Zerfall der Institutionen und die Regelungsdichte moderner Gesellschaften beklagen. Sodann verteilen sich die von Institutionen integrierten Interessen auf heterogene und konkurrierende soziale Einrichtungen. Schließlich würden in Organisationen nur zweckrationale (und letztlich egoistische) Interessen ihren Ort finden. Aggressive Potenziale, die auch bei der

Zerstörung von Institutionen in Revolutionszeiten hervortreten, können nicht mehr gebunden werden. Das ist nach Gehlens Auffassung in der Gegenwart insbesondere deshalb zu befürchten, weil alle Institutionen, die in den letzten Jahrzehnten das Leben der Individuen bestimmten, verfallen: Beruf, Klasse und Familie. Der Beruf wird zum Job und die Klassen degenerieren zum lockeren Erlebnismilieu; die Familie beweist eine erstaunliche Resistenzkraft, aber auch sie ist in Gefahr. Es ist noch nicht abzusehen, welche Auswirkungen diese Zerfallsprozesse auf die Menschen haben werden.

Deren Umkehr hält Gehlen nicht für möglich, Neugründungen für sehr unwahrscheinlich. Sein Fehler liegt darin, die Institutionentheorie konzeptionell so anzulegen, dass Veränderungen nur als Auflösung oder Zerstörung gedacht werden können. Seine Fixierung auf die archaischen Ursprünge der Institutionen entspricht diesem Manko; für die moderne Welt sind die Entstehungsbedingungen der demokratischen Institutionen sehr viel wichtiger als die Riten der Neandertaler. Man braucht eine Theorie des institutionellen Wandels innerhalb der Epochen und über historische Zäsuren, auch die großen Kulturschwellen, hinweg. Selbstverständlich darf eine historisierte Institutionentheorie weder dem Fortschrittsglauben noch einer Verfallsgeschichte anheim fallen.

So kann man nach einem Vorschlag von M. Rainer Lepsius den Strukturwandel im Dritten Reich als Institutionenauflösung, in der DDR als Institutionenfusionierung und in der BRD als Institutionendifferenzierung begreifen. Diesem letzteren Prozess korrespondiert die Entwicklung der Institutionen zu Organisationen. Die fortschreitende Ausdifferenzierung wäre als Gewinn und als Verlust zu problematisieren; auf jeden Fall handelt es sich um den Entwicklungspfad, der für moderne Gesellschaften typisch ist.

Gehlen ist allerdings darin Recht zu geben, dass das Verhältnis von Individualität und Institutionen ein zentrales Thema der Sozialphilosophie darstellen sollte. Schelsky, der Schüler und Freund Gehlens, hat dieses Problem aufgegriffen und mit seinem Stufenmodell des institutionellen Wandels einen fruchtbaren Vorschlag unterbreitet.[80] Nach seinem Ansatz – der Überlegungen des Kulturanthropologen Bronislaw Malinowski aufgreift – finden menschliche Bedürfnisse in den Institutionen ihre angemessene und gesicherte Befriedigung. Zunächst erfüllen Institutionen biologisch verankerte Grundbedürfnisse; bald entstehen jedoch weitere Ansprüche. Sofern sich diese in der Form sozialer Interessen organisieren können, verlangen sie ebenfalls nach Institutionalisierung und treiben so den Strukturwandel voran. In der Gegenwart sind dies, wie Schelsky und Gehlen meinen, die Ansprüche der Individualisierung. Jedoch beharrt Gehlen auf der Eigendynamik der Institutionen und auf der prinzipiellen Unvereinbarkeit des modernen Subjektivismus mit Institutionen.

Hier setzt Schelskys Akzentverschiebung an: Er koppelt den Strukturwandel von Institutionen an die Entwicklung der menschlichen Bedürfnisse und ist davon überzeugt, dass die Flexibilität des modernen Rechts auch dem Subjektivismus eine Institutionalisierung erlaube. Mitte der Fünfzigerjahre weist Schelsky darauf hin, dass man sogar »Dauerreflexion« institutionalisieren könne. Da er sich primär mit der Einbindung moderner Formen der Religiosität beschäftigt, werden verschiedene Einrichtungen im kirchlichen Bereich genannt, etwa die evangelischen Akademien. Alle neuen Institutionen haben eine gemeinsame Basis, nämlich das Gespräch. Im Miteinander-Reden werden erst einmal die subjektiven Erfahrungen und Selbstdeutungen ausgetauscht, um dann soziale Verbindlichkeiten herstellen zu können. Offensichtlich nimmt Schelsky hier Gedanken vorweg, die Jürgen Habermas seit den Sechzigerjahren für die Institutionen der bürgerlichen Öffentlichkeit, in seiner Diskurstheorie und in seinen Überlegungen zum modernen Recht weiterentwickelt hat. Auch der späte Schelsky widmet sich übrigens ganz der Theorie des Rechts.

Gehlen hat die Einwände von Schelsky zustimmend aufgegriffen und für die moderne Kunst konkret umgesetzt. Diese entstand durch die Herauslösung aus den traditionellen institutionellen Kontexten, z.B. im kirchlichen und aristokratischen Umfeld. Aber sogar in der Kunst der Gegenwart, die in extremer Form auf Reflexion und Subjektivismus beruht, findet eine »sekundäre Institutionalisierung« statt. (ZB 207, 230, A+S 75 f., 199 f.) Museen, Galerien, Zeitschriften, staatliche Fördergremien, einzelne Sammler, wichtige Ausstellungen wie die Documenta usw. bilden ein neues institutionelles Gefüge, ohne das ein zeitgenössischer Künstler nicht existieren und arbeiten könnte. Entsprechendes gilt für andere gesellschaftliche Bereiche: Individuen werden aus den alten Institutionen herausgelöst und in neue eingebunden. Bestenfalls findet sich eine Tendenz von formellen hin zu informellen Normgefügen. Gehlen selbst hat auf die neuen Vergemeinschaftungen unterhalb der Organisationsebene hingewiesen, die auch als sekundäre Institutionen bezeichnet werden können. Aber selbst dieser Begriff ist zu korrigieren, da mit ihm am Mythos primärer Institutionen festgehalten wird. Die menschliche Geschichte besteht aus einem ständigen Abbau und Aufbau von Institutionen, der sich in der modernen Welt beschleunigt hat.

Die größte Schwäche der gehlenschen Institutionentheorie ist allerdings ihr normatives Defizit. So finden sich zwar bei ihm Ansätze einer Institutionenkritik, aber ohne ausweisbare Maßstäbe. Es gebe sehr wohl schlechte und unwirksame Institutionen, etwa solche, die zu stark zeremonialisiert oder bürokratisiert worden sind. (A+S 259, U+S 214 f.) Auch ein Übermaß an Institutionen ist gefährlich; dann entstehe die »funktionalisierte Bereitschaft des Sichunterordnens«, die politisch missbraucht werden kann. (U+S 61, vgl. St. 206, 224) Es sei sogar »unmoralisch«, die »Bereitschaft ganzer Gruppen zu überkommenen pflichtmäßigen Vorleistungen« institutionell auszubeuten, ohne auch ihre legitimen Interessen zu befriedigen. (St. 215) Notwendigerweise werden dadurch Gegenbewegungen ausgelöst. Kategoriale Konsequenzen haben diese Bemerkungen in Gehlens Institutionentheorie jedoch nicht. Im Gegenteil, die melancholische Diagnose vom Zerfall der Institutionen tritt immer deutlicher in den Vordergrund.

7. Geschichtsphilosophie

In seinen späten Essays verlängert Gehlen seine melancholische Zeitdiagnose in die Geschichtsphilosophie.[81] Um den universalhistorischen Ort der Gegenwart zu bestimmen, wird unsere Epoche mit Vergangenheit und Zukunft in Verbindung gesetzt.

Kulturschwellen

Zur Periodisierung wird bereits in *Urmensch und Spätkultur* Rothackers Begriff der Kulturschwelle übernommen. Gehlen meint damit epochale Zäsuren mit wesentlichen anthropologischen Veränderungen. Allerdings ist sein Konzept nicht ausgereift, was schon daran deutlich wird, dass er in der Aufzählung der Kulturschwellen schwankt. Meist nennt er zwei »absolute« Kulturschwellen: die neolithische Revolution, also den Übergang zu einfachem Ackerbau und Viehzucht, verbunden mit der Sesshaftwerdung des Menschen, und die industrielle Revolution, die in der zweiten Hälfte des 18. Jahrhunderts in England begann.

In *Urmensch und Spätkultur* wird eine weitere, dritte Kulturschwelle behandelt: der Übergang zum Monotheismus. (U+S 5, 18, 97, 120) Die Idee, dass ein höchster Gott die Welt erschaffen hat, gibt es schon in archaischen Gesellschaften. Als entscheidend für den Monotheismus betrachtet Gehlen aber die Vorstellung, dass Gott die Welt allein durch seinen Willen, durch das

Wort oder den Gedanken, geschaffen habe. Wann ist diese Zäsur anzusetzen? Darüber macht Gehlen keine genauen Angaben. Erste Ansätze finden sich bereits im Ägypten der Pharaonenzeit, als im 14. Jahrhundert v. Chr. Amenophis IV., der sich später Echnaton nannte, die alleinige Verehrung der Sonnenscheibe einführte. Die Möglichkeit zur Durchsetzung einer universalistischen Religion bestand jedoch erst, als ein Imperium alle Gesellschaften der alten Welt integrierte. Insofern ist die Entstehung des Perserreiches im 6. Jahrhundert v. Chr. ein weltgeschichtliches Datum ersten Ranges. (U+S 151 Anm., M+HM 121) Die von Gehlen ins Auge gefasste Zäsur korrespondiert mit der von Jaspers herrührenden Konzeption der Achsenzeit. Fast zur selben Zeit, nämlich zwischen dem 7. und dem 4. Jahrhundert v. Chr., kam es in Griechenland, Palästina, Indien und China zu einem tief greifenden Wandel des Weltbilds. Das Christentum vollendete diesen Schritt: Durch die Transzendenz des Einen Gottes kam es zur ontologischen Abwertung und moralischen Neutralisierung der sichtbaren Natur.

Schließlich wird von Gehlen noch eine vierte Kulturschwelle angedeutet: die Entstehung von Hochkulturen in den Stromtälern von Nil, Euphrat und Tigris, Huanghe und Indus. Nicht nur die Erfindung der Schrift, auch die Entwicklung geschichteter Gesellschaften ist ein Ereignis, das in allen menschlichen Verhaltensweisen seine Spuren hinterlassen hat. Für Gehlen begann damals das »Zeitalter der Könige« (A+S 73, 129, 230).

In dieser rekonstruierten Fassung bezeichnen die gehlenschen Kulturschwellen also folgende Zäsuren der Menschheitsgeschichte: 1. die neolithische Revolution, ca. 10 000 v. Chr.; 2. den Übergang zu den Hochkulturen, ca. 3000 v. Chr.; 3. die Achsenzeit, ca. 500 v. Chr.; 4. die industrielle Revolution, ca. 1750/1800.

Gehlen zufolge bewirkt jede Zäsur einen radikalen Wandel unserer Handlungsmuster. Eine der wichtigsten Veränderungen ist, dass jeweils ein anderer Weltbezug den Primat übernimmt. (U+S 260 f.) Vor dem Übergang zum Monotheismus dominierte der intersubjektive Weltbezug, weil im sympathetischen Weltbild archaischer Gesellschaften die Natur vermenschlicht wurde. Das rituell-darstellende Handeln konnte nur in dieser Epoche hervortreten. Den monotheistischen Universalreligionen ordnet Gehlen den subjektiven Weltbezug zu; sie öffneten den Weg nach innen. Seit der industriellen Revolution dominiert der objektive Weltbezug, innerhalb dessen sich das instrumentelle Handeln durchgesetzt hat. Auf jeden Fall kann man die Wandlungen, die durch die industrielle Revolution ausgelöst worden sind, schwerlich überschätzen: »[...] kein Sektor der Kultur und kein Nerv im Menschen wird von dieser Transformation unergriffen bleiben, die noch Jahrhunderte dauern kann, wobei es unmöglich ist, anzugeben, was in diesem Feuer verbrennen wird, was umgeschmolzen und was sich als widerständig erweisen wird.« (U+S 263, vgl. A+S 73) Insofern leben wir in einer Übergangszeit bzw. im Spätstadium einer Kulturepoche.

Der Fortschritt in den Superstrukturen

Überhaupt erweist sich unsere Zeit als ein welthistorisches Novum; alle wichtigen Prozesse und Ereignisse der Gegenwart sind als »Erstmaligkeiten« (A+S 133, 1974: 125 u.ö.) zu begreifen. Es gibt keine lebendigen Traditionen mehr, Geschichte wird zum musealen Bildungsgut, weil sich aus ihr keine Lehren mehr ziehen lassen. Deshalb ist es so schwierig, für die zentralen Phänomene der Gegenwart treffende Begriffe zu finden. Trotzdem exponiert sich Gehlen mit Globaldeutungen, die für die Orientierung in unserem Zeitalter »von objektiver Unbestimmtheit« (A+S 231) sehr hilfreich sein können, obwohl sie stark metaphorischen Charakter haben und empirisch nicht direkt überprüfbar sind.

Das hervorstechende Merkmal des Zeitalters besteht für Gehlen in der Dominanz der globalen Superstrukturen. Die charakteristischen Organisationsprinzipien früherer Epochen waren an bestimmte Kulturkreise gebunden, etwa der Feudalismus an Europa und die antiken Hochkulturen an den Mittelmeerraum. Weil die Synthese aus Naturwissenschaft, Technik und Industriekapitalismus inzwischen den gesamten Erdball überzieht, gibt es keine Regionen oder Völker mehr, die außerhalb des Weltsystems stehen. Gehlen bemerkt sehr wohl, dass die »Welt-Industrie-Kultur« in Nordwesteuropa ihre Ursprünge hat und in anderen Kontinenten weiterhin mit diesem Kulturkreis identifiziert wird. In der islamischen Welt und in Asien gibt es andere, tief verwurzelte Kulturen, die sich mit dem okzidentalen Rationalismus schwer tun; in Afrika scheint er kaum Wurzeln zu schlagen. »Zumal im Orient gibt es wahrscheinlich Völker, die sich nach ihren alten Traditionen sehnen, da die Seele noch zu Fuß ging.« (1974: 121) Trotzdem will keiner, schon aus militärischen Gründen, auf diese Errungenschaften verzichten.

Weder extern noch intern droht den Superstrukturen eine Gefahr. Sie stehen auf bewährten Fundamenten, »die Axiome der Mathematik und Physik, der Elektrotechnik, der Energiegewinnung bis ins Atominnere hinein liegen fest«. Einen Paradigmenwechsel kann sich Gehlen nicht vorstellen, er ist von der »Endgültigkeit der zivilisatorischen Strukturen« überzeugt. (1974: 122)

Die Superstrukturen verbürgen außer Stabilität auch einen unbegrenzten Fortschritt. Obwohl es Gehlen 1953 für unwahrscheinlich hält, dass die bemannte Raumfahrt jemals den Mond erreicht (A+S 102f.), ist sein Vertrauen in das endlose Weiterschreiten der Technik groß. Dass unsere naturwissenschaftlichen Kenntnisse anwachsen, dass die technischen Mittel effizienter werden und dass die industrielle Produktion ansteigt, lässt sich mit exakten Zahlen nachweisen und für die Zukunft prognostizieren. Entsprechendes gilt für Medizin, administrative Methoden und sogar für die empirische Sozialforschung. Die geistigen Wurzeln der gegenwärtigen Weltkonstellation finden sich in der Aufklärung. Allerdings haben sich die in der frühen Neuzeit eingeleiteten Prozesse verselbstständigt, nicht einmal deren Voraussetzungen spielen noch eine Rolle: »Das Zeitalter der Aufklärung scheint uns abgelaufen, ihre Prämissen sind tot, aber ihre Konsequenzen laufen weiter.« (A+S 217) Im 18. und 19. Jahrhundert erhoffte man sich weniger einen quantitativen als einen qualitativen Fortschritt, der ausgerichtet war auf die Allmacht der Vernunft und das harmonische Zusammenleben aller Menschen. Diese überspannten Utopien konnten nicht verwirklicht werden; sie führten sogar zu Terror und endeten in politisch-historischen Katastrophen, zuerst beim Jakobinismus, dann im Stalinismus. Dagegen sind die Erfolge des technisch-wissenschaftlich-ökonomischen Wachstums überall auf der Welt zu sehen. »Dieser Fortschritt ist zu einem undurchbrechlichen Lebensgesetz der Menschheit geworden.« (A+S 140) Das Haus der Moderne steht auf soliden Fundamenten, der weitere Ausbau wird kontinuierlich vorangehen, auch wenn er kein immanentes Ziel mehr kennt.

Kulturelle Kristallisation

Das normative Prinzip des Fortschritts wird auf andere Bereiche übertragen, vor allem auf den der Kunst. Dort propagieren viele nicht nur einen linearen Evolutionsprozess, sondern sogar die permanente Revolution. Tatsächlich aber, so Gehlen, zeige sich im gesamten kulturellen Bereich »weder Entwicklung noch

Fortschritt« (P+F 214), eher eine »Beweglichkeit auf stationärer Basis« (1974: 122). Zur Charakterisierung dieses Phänomens verwendet Gehlen den Begriff der Kristallisation. In der Chemie bezeichnet dieser Ausdruck Vorgänge, bei denen bewegliche Stoffe in einen festen Aggregatzustand überführt werden. In seiner zeitdiagnostischen Bedeutung hat Gehlen diesen Begriff von Vilfredo Pareto übernommen, den er überhaupt als einen seiner wichtigsten soziologischen Gewährsleute ansieht. Gehlen bestimmt Kristallisation als denjenigen

> »Zustand auf irgendeinem kulturellen Gebiet [...], der eintritt, wenn die darin angelegten Möglichkeiten in ihren grundsätzlichen Beständen alle entwickelt sind. Man hat auch die Gegenmöglichkeiten und Antithesen entdeckt und hineingenommen oder ausgeschieden, so daß nunmehr Veränderungen in den Prämissen, in den Grundanschauungen zunehmend unwahrscheinlich werden. Dabei kann das kristallisierte System noch das Bild einer erheblichen Beweglichkeit und Geschäftigkeit zeigen [...]. Es sind Neuigkeiten, es sind Überraschungen, es sind echte Produktivitäten möglich, aber doch nur in einem abgesteckten Feld und auf der Basis der schon eingelebten Grundsätze, diese werden nicht mehr verlassen.« (St. 293)

Diese Diagnose hat Gehlen vor allem für den Bereich der Malerei zu belegen versucht. Deren Geschichte zeichnete sich durch eine immanente Abfolge von Stilen aus. Bereits um 1910 seien alle grundsätzlichen Möglichkeiten ansatzweise entwickelt worden; in den Jahren danach kam es zu deren Entfaltung. Die »kunstimmanente Entwicklung« kulminiert in der abstrakten Malerei; danach ist es mit »einer irgendwie sinnlogischen Kunstgeschichte [...] vorbei« (ZB 206). Da es nicht mehr weitergehe, würde man auf frühere Epochen zurückgreifen und alle vorhandenen Möglichkeiten parallel erproben, je nach Marktlage und Mode. So komme es zur gegenwärtigen »Mischung aller

Stile und Zeiten« (ZB 220). Kritiker, Künstler und Agenten mögen weiterhin bei jeder Gelegenheit »Fortschritt« und »das Neue« schreien, tatsächlich werden immer nur dieselben Möglichkeiten und Gegenmöglichkeiten aufgegriffen und weiterentwickelt. Man kann realistisch und surrealistisch malen, abstrakt und gegenständlich, monochrom und bunt – alles ist möglich und findet seine Nische. Neue Synthesen und neue Extreme sind möglich, sogar esoterische Richtungen wie eine von Gehlen propagierte »peinture conceptuelle« – aber die Revolutionen liegen hinter uns. Stattdessen handle es sich um eine Art hochtourigen Leerlauf. (1962a: 218) Das mag man bedauern, aber negative Folgen für andere Bereiche hat es nicht. Denn die gesamte moderne Kunst ist an die Peripherie der gesellschaftlichen Entwicklung abgedrängt worden; sie hat sich in ihre eigene Freiheit verstrickt; politische oder weltanschauliche Blitze können von ihr nicht mehr ausgehen. Die Zeit der großen Kunst, die uns noch wirklich erschüttern konnte, ist vorbei.

In diesem Zusammenhang beruft sich Gehlen sogar auf Adorno. (1974: 128) Dieser hat ihm allerdings während einer Diskussion auf dem Philosophiekongress 1962 widersprochen. (1962b: 327) Nach Adorno gibt es im kulturellen Bereich, in der Malerei wie in der Literatur und in der Musik, sehr wohl ein Weiterschreiten mit innerer Logik. Um diesen Streit zu entscheiden, müsste man sich zunächst über die Maßstäbe einig werden: Was ist bloß ein Oberflächenphänomen oder eine Repristination und was ist wirklich etwas Neues? So wollte Gehlen z.B. die Abwendung von der abstrakten Malerei in den Sechzigerjahren nicht als eine neue Phase gelten lassen; mit Pop-Art und Installationen konnte er gar nichts anfangen. Das sehen viele Ästhetiker und Kunsthistoriker ganz anders. Zudem wird bereits der abstrakte Expressionismus der Fünfzigerjahre von ihm ignoriert.

Die These von der kulturellen Kristallisation soll auch für Philosophie, Religion und politische Ideologien gelten. »So hat die griechische Philosophie in der Tat alle grundsätzlichen Standpunkte entwickelt«, schreibt er bereits 1943. (St. 127) Im Bereich der Religion sind im alten Indien ansatzweise alle Möglichkeiten vorhanden; einige konnten sich welthistorisch nicht durchsetzen und sind verschwunden. Dagegen haben in unseren Breiten die Kirchen »die Gefahrenzone offenbar passiert« (St. 297, vgl. A+S 168); sie können sorglos einer gesicherten Zukunft entgegenblicken. Denn die Zeit der konfessionellen Bürgerkriege und der radikalen Religionskritik ist vorbei; die katholische Kirche hat sogar mit Galilei Frieden geschlossen. Dieser Erfolg wird kaum registriert, weil die Religion, wie der gesamte kulturelle Sektor, insgesamt keine wichtige Rolle mehr spielt.

Ähnlich steht es um die politischen Ideologien. Entgegen den Bekundungen ihrer Vertreter im Kalten Krieg sind sie für die globalen Entwicklungen irrelevant. Zur selben Zeit, als Daniel Bell oder Raymond Aron das »Ende der Ideologien« diskutieren, ist für Gehlen »ideengeschichtlich nichts mehr zu erwarten« (St. 294). Auch auf anderen Kontinenten wird sich keine neue politische Ideologie mehr erheben können. Den wichtigsten Beleg für diese Diagnose sieht Gehlen in der »säkularen Enttäuschung«, in der »Nullbilanz« des Sozialismus. (1962a: 219) Die Sozialisten haben weder eine neue Weltanschauung noch eine eigene Kultur geschaffen; z.B. beteiligen sie sich an dem allgemeinen Wettlauf um die Erhöhung des Lebensstandards. Den Zusammenbruch des sowjetischen Imperiums hat Gehlen nicht vorhergesehen, aber er hätte die Ereignisse von 1989/91 mühelos in seine Deutung der Geschichte integrieren können. Erneut ist eine Alternative ausgeschieden; etwas Neues ist jedoch nicht hinzugekommen.

Schließlich bewirkt die kulturelle Kristallisation das Ende der »großen Schlüsselattitüde«. Darunter versteht Gehlen einen universalen Deutungsanspruch aus wenigen Prinzipien, verbunden mit Handlungsanweisungen. Das erste historische Beispiel ist die christliche Religion. Als einer der letzten bedeutenden Philosophen konnte Nietzsche mit einem solchen Anspruch auftreten, vor ihm ist insbesondere Marx zu nennen. Im 19. Jahrhundert lieferten auch Naturwissenschaftler wie Charles Darwin oder Künstler wie Richard Wagner eine umfassende Lebens- und Weltanschauung; im 20. Jahrhundert folgten nur noch kleinere Denker. Die »große Schlüsselattitüde« ist nunmehr unmöglich, sie kann auch nicht neu entstehen. (St. 287)

Das hat theoretische und praktische Gründe. Zum einen ist die Spezialisierung der verschiedenen Wissenschaften so weit vorangeschritten, dass sie nicht mehr durch ein gedankliches Band zusammengebunden werden können. Nicht nur horizontal, auch vertikal ist das Wissen zersplittert: Die Trennung zwischen Experten und Laien, zwischen Fachleuten und Normalbürgern ist in den Wissenschaften und in den Künsten irreversibel; deshalb lassen sich philosophische oder wissenschaftliche Theorien nicht mehr so einfach popularisieren wie im 19. Jahrhundert. Vor allem aber sind nur diejenigen Ideen praktikabel, »die bereits in die Funktionsordnung, in die Betriebsgesetze großer Industriegesellschaften eingegangen sind« (St. 288). Zum anderen gibt es für die politische Praxis keinen archimedischen Punkt mehr. Angesichts der Komplexität der Verhältnisse und der übermächtigen Eigendynamik der Superstrukturen kann niemand ein durchsetzungsfähiges Programm zur Umgestaltung der ganzen Gesellschaft entwickeln. Das gilt selbst für einzelne Segmente: »Grundlagenreformen in der Verwaltung oder im Erziehungswesen sind gleicherweise unmöglich« (St. 290), sie würden zu Katastrophen führen.

Post-histoire

Die bisherigen Reflexionen verdeutlichen die Überlagerung zweier Tendenzen: quantitativer Fortschritt und Kristallisation. Damit reformuliert Gehlen die typisch deutsche Unterscheidung von Zivilisation und Kultur, jedoch mit modifizierter Bewertung: Wir profitieren vom unbegrenzten Weiterschreiten im technisch-wissenschaftlich-ökonomischen Bereich, während sich der kulturelle Sektor durch endlose Geschäftigkeit ohne wirkliche Innovation auszeichnet.

Gehlens Geschichtsphilosophie kulminiert schließlich in der These einer »post-histoire«. Diese Diagnose ist dramatischer als diejenige der kulturellen Kristallisation. Zwar treten beide Phänomene in unserer Epoche zusammen auf, aber sie lassen sich begrifflich unterscheiden. Kulturelle Kristallisationen mag es in einzelnen Bereichen und Zeitaltern schon öfter gegeben haben. Die mittelalterliche Kultur befand sich zeitweise ebenfalls in einem kristallisierten Zustand; im spenglerschen Modell ist die Kristallisation typisch für die Spätzeit jeder Kultur. Dagegen ist die »post-histoire« ein universalgeschichtlich einmaliges und wichtigeres Ereignis. Gemeint ist damit nicht das Ende der Zeit oder das Ende der Menschheit, auch nicht das Ende historischer Ereignisse. Da aber neue politische Ideensysteme unmöglich und die globalisierten Superstrukturen übermächtig sind, erscheint jede gestalterische Einflussnahme auf den Gang der Dinge aussichtslos. Nicht nur der Einzelne ist ohnmächtig, sondern sogar das gesamte politische Systen. Politik ist »ein im tiefsten Sinne konservativer Versuch«, eine »Kontrollchance über einen metahumanen Prozeß sich einzureden, der sich eben dieser Kontrolle bereits entzogen hat« (1962a: 209).

Selbst wenn sich eine neue Hegemonialmacht etablieren sollte, würde sich ein solcher Machtwechsel innerhalb der bestehenden Superstrukturen abspielen. Zudem gibt es keine »Barbaren« mehr, die die Hochburgen der Zivilisation von außen zerstören können. Weil alles bereits mit allem zusammenhängt und die gesellschaftlichen Entwicklungen miteinander synchronisiert sind (trotz der von Gehlen durchaus gesehenen aufblühenden Partikularisierung), kann nichts fundamental Neues mehr passieren. Es bleibt beim Fortschritt in den Superstrukturen und den Pirouetten im kulturellen Sektor. Deshalb spricht Gehlen mit einem Zitat von Gottfried Benn vom »Zeitalter der Unaufhörlichkeit« (ZB 229, 1974: 126). Universalhistorische Überraschungen werde es nicht mehr geben.

Die noch verbleibenden politischen Themen orientieren sich an systemischen Sachzwängen. Die dringendste weltpolitische Aufgabe der Zukunft ist, so Gehlen, die Ernährung der wachsenden Weltbevölkerung; innenpolitisch entspricht dem die staatliche Förderung des Wirtschaftswachstums, mit dem die steigenden Ansprüche an unseren Lebensstandard befriedigt werden sollen. In beiden Fällen muss die Politik auf materielle Bedürfnisse reagieren, kurz gesagt: auf nackte Biologie. In dem dafür erforderlichen Zusammenspiel von Technik und Biologie sieht Gehlen den charakteristischen metabiologischen und metahumanen Prozess der Zukunft (1962a: 220); Handlungsalternativen gibt es dabei nicht. Aus dem Ablauf der Ereignisse ist jeder Sinn verschwunden. Letztlich beruht die Post-histoire-Diagnose auf einer Gleichsetzung von Geschichte mit »großer Politik«, mit den Haupt- und Staatsaktionen, vor allem mit den Handlungen der großen Männer. Entwicklungen im Bereich der Superstrukturen gelten für ihn ebenso wenig als Geschichte wie die langsamen Veränderungen im sozialen Gefüge oder im alltäglichen Leben der kleinen Leute.

Zeitweise fürchtete Gehlen wohl, die historische Entwicklung führe ins Chaos oder zu einem neuen hobbesschen Naturzustand. Wie Lévi-Strauss[82] bezieht er sich auf den zweiten Hauptsatz der Thermodynamik: Es gebe einen »natürlichen Trieb zur Entropie« (AG 7: 93, vgl. U+S 69, M+HM 153). Nach der Entdeckung der stabilisierenden Kraft der Superstrukturen weiß er, dass das Ende nicht die Anarchie ist, sondern die Langeweile.

Das, was wir Geschichte nennen, ist also bloß eine Übergangsphase zwischen dem Stillstand der Vorgeschichte und dem endlosen Fortschreiten der Nachgeschichte. Sie ist beschränkt auf wenige tausend Jahre, auf die Zeit zwischen den vorhochkulturellen Gemeinschaften, die eher einem Superorganismus, und dem nachhochkulturellen Weltsystem, das einer Megamaschine gleicht, konkret also auf den Zeitraum zwischen 3000 v. Chr. und 2000 n. Chr.

Die Postmoderne und das Ende der Geschichte

Die Post-histoire-These ist ein Gegenmodell zur klassischen Geschichtsphilosophie. Es richtet sich sowohl gegen die zyklischen Konzeptionen (wie sie zuletzt von Spengler und Toynbee entwickelt wurden) als auch gegen die Theorien einer linearen Entwicklung, ob diese nun einen kontinuierlichen Fortschritt oder einen permanenten Verfall unterstellen. Historistische und heilsgeschichtliche Geschichtsauffassungen werden ebenfalls negiert.

Dagegen existieren Ähnlichkeiten mit dem Geschichtsbild von Adorno, wie Gehlen gegenüber diesem selbst feststellte: »Es bestehen zwischen unseren Positionen sehr wesentliche Übereinstimmungen: von der Abdankung des Subjekts bin ich auch überzeugt, von der Übermacht des Bösen – mit oder ohne weggeätzte Bestätigung – ebenso; wir sind in der Epoche des ›Weitermachens um seiner selbst willen‹, in einer Entartung der Verhältnisse, die nirgendwo zu tauen sich anschicken.« (Brief vom 31.8.1962) Auch für Adorno ist die Geschichte zu Ende; seine Perspektive ist jedoch eine andere: Wir leben im Zeitalter der permanenten Katastrophe, wie die Ermordung der europäischen Juden während des Zweiten Weltkriegs belegt.

Interessanterweise findet sich das Post-histoire-Konzept bei einer ganzen Reihe von europäischen Intellektuellen des 20. Jahrhunderts, von Bertrand de Jouvenel bis Peter Brückner.[83] Die meisten dieser Autoren waren vormals Anhänger einer geschichtsphilosophisch untermauerten politischen Heilslehre. Deren Scheitern und die Enttäuschung über die Massen, die den eigenen Zielen nicht folgen konnten oder wollten, bewegten diese Intellektuellen zur Abkehr von der Geschichte. Deshalb verwundert es nicht, dass sich unter ihnen auch ehemalige Marxisten befinden. Gehlen selbst, der ähnliche Gedanken schon 1943 vortrug, wies darauf hin, dass er den entsprechenden Ausdruck von Hendrik de Man (1885-1953) übernommen habe, der sich wiederum auf den französischen Mathematiker und Ökonomen Antoine-Augustin Cournot (1801-1877) bezog.

Das Auffinden des ideengeschichtlichen Ursprungs enthebt uns nicht einer systematischen Einordnung und Bewertung; zudem haben Konzeptionen nach dem Muster »das Ende von X« oder »Post-X« in den letzten beiden Jahrzehnten eine starke Konjunktur gehabt. Zwei geschichtsphilosophische Ansätze sind hervorzuheben, mit denen Gehlens Konzept der »post-histoire« verglichen werden kann: die Postmoderne und die These vom Ende der Geschichte.

In seiner berühmten Schrift *Das postmoderne Wissen* (1979) schildert Jean-François Lyotard ausführlich die »großen Erzählungen«, mit denen Wissenschaft und Politik in der Moderne gerechtfertigt worden sind. Im politischen Bereich sind diese Legitimationsmythen spätestens seit dem Mai 1968 ihrer Wirksamkeit beraubt; es gibt nicht einmal mehr die Sehnsucht nach ihnen. In den Wissenschaften ist jeder Versuch gescheitert, eine universelle Metasprache oder eine unbezweifelbare normative Grundlage zu schaffen. Dieses »nihilistische« Zeitalter nennt Lyotard »Postmoderne«.[84] Die Unterschiede zwischen »post-histoire« und Postmoderne liegen allerdings auf der Hand: Die »post-histoire« wähnt sich nach der Geschichte, die Postmoderne nur nach der Moderne. In der »post-histoire« soll nichts Wesentliches mehr passieren, in der Postmoderne ist besonders viel los, und zwar im kulturellen Bereich, der für Gehlen nur eine Lückenbüßerrolle spielt. »Die Posthistoire-Diagnose ist passiv, bitter oder zynisch und allemal grau. Die Postmoderne-Diagnose hingegen ist aktiv, optimistisch bis euphorisch und jedenfalls bunt.«[85] Schließlich sieht Gehlen nur eine oberflächliche Vielheit, dagegen die Postmodernen eine radikale Pluralität, sogar fundamentale Dissense.

Insgesamt jedoch reicht Gehlens Geschichtsphilosophie weiter als die Postmoderne-Konzeption, die sich auf den kulturellen Bereich konzentriert. Besonders die These, dass die gegenwärtige Entwicklung ohne Alternativen sei, verbindet Gehlens Diagnose mit derjenigen von Francis Fukuyama. Als Reaktion auf den Zusammenbruch des sowjetischen Imperiums verkündete dieser (zunächst mit, dann ohne Fragezeichen) »the end of history«[86]. Allerdings ist zu berücksichtigen, dass »end« sowohl »Ende« als auch »Zweck« heißt. Diese zweite Bedeutung ist bei Fukuyama wichtig, denn das »Ende der Geschichte« ist bei ihm gerade kein Ausklingen der historischen Abläufe in Sinnlosigkeit, sondern die Verwirklichung ihrer immanenten, normativen Ziele. Die Ideale der liberalen Demokratie und der Marktwirtschaft seien nicht mehr zu übertreffen. Fukuyama bestreitet nicht, dass es auch in Zukunft Kriege, soziale Probleme und moralische Herausforderungen geben wird. Aber im Gegensatz zu Gehlen vertritt er dennoch eine optimistische Geschichtsphilosophie, die über Kojève auf Hegel zurückgeht. Der größte Unterschied besteht in der Einschätzung der demokratischen Verfassungsstaaten: Während Fukuyama in ihnen den Triumph der Vernunft sieht, beobachtet Gehlen einen gefährlichen Zerfall der Institutionen mit negativen Folgen für die Lebenschancen der Menschen. Fundamental ist für beide der technisch-wissenschaftliche Fortschritt, doch betont Gehlen stärker die Schattenseiten der neuen kapitalistischen Weltordnung.

Sowohl gegen Fukuyama als auch gegen Gehlen richten sich folgende Argumente: Erstens wird der Zivilisationsbruch, den das nationalsozialistisch regierte Deutschland verursachte, nicht ernst genommen. Die totalitären Regime des 20. Jahrhunderts sind stärkere Einwände gegen die Konzeptionen einer Universalgeschichte, als Gehlen und Fukuyama wahrhaben wollen. Zweitens kann mit einfacher Mathematik gezeigt werden, dass eine Übertragung des Lebensstandards der OECD-Länder auf die anderen Kontinente unmöglich ist – das lassen die Rohstoffvorräte und die Grenzen der ökologischen Belastbarkeit auf unserem Planeten nicht zu. Gehlen erwähnt immerhin, dass die Unbegrenztheit des technisch-wissenschaftlich-ökonomischen Fortschritts keine moralischen Grenzen kenne und deshalb zu einem »Raubbau am Anorganischen« führe (U+S 253, vgl. M 313, A+S 216, 1974: 321); auch ökologische Katastrophen und Energieprobleme kann er sich durchaus vorstellen. Dennoch spielt die ökologische Frage für ihn kategorial keine Rolle; sie wird aber vielleicht die Politik des 21. Jahrhunderts entscheidend prägen – so wie es früher die soziale Frage tat. Drittens bleiben beide einem Geschichtsmodell verhaftet, das sich an einzelnen (National-)Staaten orientiert. Nur an wenigen Stellen geht Gehlen auf internationale und weltpolitische Konstellationen ein, so am Ende von *Urmensch und Spätkultur* (U+S 264): Da Nationen den Superstrukturen nicht mehr angemessen sind, entstehen übernationale Gebilde, die durch eine gemeinsame Weltanschauung zusammengehalten werden. Gehlen dachte dabei wohl an die westlichen wie östlichen Wirtschafts- und Militärbündnisse. Quer dazu entstehe aber langsam ein »Rassengegensatz größten Stils, Farbige gegen Weiße«, der vielleicht die zukünftige Weltpolitik bestimmen wird. Vom »Kampf der Kulturen« und dem neuen religiösen Fundamentalismus konnte er selbstverständlich noch nichts wissen. Neben der Sicherung des Friedens nennt er freilich den Kampf gegen Hunger, Elend und Not als ein politisches Projekt, das in der »post-histoire« übrig geblieben ist. (St. 200)

Diese beiden Aufgaben zeigen auch, dass Fukuyamas Freude über den Sieg der Idee der Demokratie zu früh kommt. Im 21. Jahrhundert ist politisch genug zu tun. Auch philosophisch bleibt zu klären, wie die internationalen Beziehungen oder sogar eine künftige Weltinnenpolitik durch überstaatliche Institutionen gestaltet werden können. Die Demokratie, die wir in Zukunft brauchen, wird sich von ihrer momentanen, nationalstaatlich gebundenen Form so unterscheiden wie diese von derjenigen der antiken Stadtrepubliken.

8. Fortführungen

Arnold Gehlens Werk hat keine internationale Wirkung entfaltet. Die Philosophische Anthropologie, so wie sie von Scheler und Plessner begründet wurde, blieb ein deutsches Phänomen. Allerdings hat Gehlen nach dem Zweiten Weltkrieg zu Recht auf Gemeinsamkeiten und Querverbindungen mit der »strukturalen Anthropologie« von Claude Lévi-Strauss, der englischen »social anthropology« (Malinowski) und dem politischen Denken von Hannah Arendt hingewiesen. Die wichtigsten Übereinstimmungen bestehen mit dem US-amerikanischen Pragmatismus, mit John Dewey und George Herbert Mead.

Auch im deutschen Sprachraum ist die Anthropologie Gehlens philosophisch kaum weitergeführt worden. Produktive Verarbeitungen seines Denkens finden sich eher bei Soziologen wie Dieter Claessens, zudem bei unorthodoxen Psychoanalytikern und Verhaltensforschern. Jedoch ist der Dreh- und Angelpunkt des gehlenschen Denkens, das Entlastungsprinzip, von verschiedenen Philosophen aufgegriffen worden.

Ein Grundgedanke von Hans Blumenberg (1920-1996) ist die Notwendigkeit, sich vom Absoluten zu entlasten. In antiplatonischer Absicht lobt er die Institutionen als die Höhlen, die wir nicht verlassen sollten.[87] Denn nur in ihnen können wir mit dem Fragmentarischen unserer Existenz zurechtkommen, vor allem mit der Situation eines Mängelwesens, das weiß, dass es sterben muss, aber es nicht glaubt, weil es es nicht denken kann.

Odo Marquard (geb. 1928) hat auf die große Schwäche von Gehlens Entlastungsregel hingewiesen: »[...] diese Anthropologie spricht von Entlastung ›des‹ Menschen, nicht von der ›aller‹ Menschen: sie bringt es zu keiner Theorie gegen die ungerechte Verteilung der Entlastungsmittel, zu keiner gegen Unterdrückung. Darum weiß sie zwar zu begründen, warum der Mensch kein Tier ist, nicht aber, warum er kein Unmensch sein dürfe.«[88] Die Kritik zielt also darauf, dass bei Gehlen eine normative Theorie fehlt, in deren Mittelpunkt der Begriff der Gerechtigkeit stehen müsste. Zudem wäre zur Erklärung sozialer Ungerechtigkeiten ein gesellschaftstheoretischer Ansatz vonnöten. Hinter diese Einsicht fällt Marquard zurück, wenn er (ohne weitere Differenzierungen) sowohl die kleinen als auch die großen Entlastungen verteidigt. Weil unser Leben und unsere Fähigkeiten begrenzt sind, plädiert er dafür, Üblichkeiten zu pflegen. Wir sollen an das Vorhandene anknüpfen, Kontinuitäten nicht zerstören usw. – gerade in der modernen Welt: »je schwerer die Lebenslage, desto größer der Routinebedarf«[89]. Gewohnheiten sollen nicht sakrosankt sein, aber »stets müssen mehr Üblichkeiten aufrechterhalten werden als verändert, sonst ruiniert man unser Leben«[90].

Auch die großen Entlastungen werden bei Marquard gegen Kritik verteidigt. Er stellt nämlich eine merkwürdige Entwicklung fest: »Die kulturellen Entlastungen des Menschen durchlaufen [...] drei Stadien: erst werden sie begrüßt, dann werden sie selbstverständlich, schließlich ernennt man sie zum Feind.«[91] Die Technik z.B., ohne die Freiheit und Wohlstand gar nicht möglich wären, werde jetzt zur größten Gefahr für Freiheit und Wohlstand erklärt. Dieser Umschlag hat seine Ursache laut Marquard in einer anthropologischen Konstante: Wir Menschen brauchen ein gewisses Quantum an Negativität. Deshalb suchen wir, wenn wir uns von allen Widrigkeiten entlastet haben, neue

Widrigkeiten – am besten ebendiese Entlastungen. Marquard warnt vor einer solchen Negativierung der Entlastungen, die die Übel unseres endlichen Lebens kompensieren.

Mit dem Begriff der Kompensation bezieht sich Marquard auf Joachim Ritter (1903-1974). Wie Gehlen sieht dieser die Gegenwart durch den technisch-ökonomischen Fortschritt bestimmt. Ritter ist aber erheblich liberaler als Gehlen, weil er die bürgerliche Gesellschaft dafür lobt, dass sich erst in ihr die individuelle Freiheit entfalten konnte. Es bestehe allerdings die Gefahr, dass diese Dynamik ausufert und es zur Entzweiung von Herkunft und Zukunft kommt.[92] Die zunehmende Geschichtslosigkeit der bürgerlichen Gesellschaft müsse kompensiert werden, sonst verschwinden das Wahre, das Sittliche und das Schöne. Ritter und Gehlen sind sich darin einig, dass Traditionen (auch wenn diese nur noch den Status eines subjektiven Glaubens besitzen) entlastende Wirkungen haben. Gar nicht einverstanden wäre Gehlen jedoch mit Ritters Programm, den Geisteswissenschaften die Aufgabe der Traditionsbewahrung zuzuschreiben. Geisteswissenschaften fördern, so Gehlen, gerade den Relativismus und ein oberflächliches Alles-verstehen-Wollen. (M 388 f.)

Niklas Luhmann (1927-1998) hat die Entlastungsregel auf die soziologische Ebene verschoben und in systemtheoretische Terminologie übersetzt. Es geht nicht mehr um Menschen, sondern um soziale Systeme. Diesen Systemen steht immer eine Umwelt gegenüber, die komplexer als die Systeme selbst ist, was die Reduktion von Komplexität notwendig macht. Luhmann hat angemerkt, dass die Parallelen zwischen Entlastung und Komplexitätsreduktion nicht sehr weit reichen. Während Gehlens Anthropologie als »alteuropäischer Versuch« abgetan wird, bewege er, Luhmann, sich auf der abstrakteren Ebene der Systemtheorie, »und übrig bleiben verschiedene Varianten der Einsicht, daß hohe Freiheitsgrade der Selektion nur bei in spezifischen Richtungen leistungsfähigen Reduktionsweisen entwickelt werden können«[93].

Interessanterweise bezieht sich auch Jürgen Habermas (geb. 1929) auf die Entlastungsregel – obwohl er die politischen Implikationen der gehlenschen Anthropologie, ja anthropologisches Denken überhaupt entschieden ablehnt. Auf der gesellschaftstheoretischen Ebene diagnostiziert Habermas die Verselbstständigung des ökonomischen und des politisch-administrativen Sektors gegenüber der Lebenswelt. Ähnlich wie Gehlen sieht Habermas darin eine Entlastung der Individuen, besonders von Problemen der materiellen Reproduktion und dem Aufwand an kommunikativer Verständigung.[94] Allerdings kritisiert er auch die negativen Folgen der Verselbstständigung, nämlich die verdinglichenden Rückwirkungen der Systemimperative auf die Lebenswelt. Aus Habermas' Ansatz ergibt sich als entscheidende Frage: Wann schlägt Entlastung in Entfremdung um?

Noch stärkere implizite Bezüge Habermas' zu Gehlen finden sich auf der rechtsphilosophischen Ebene, nämlich bei der Begründung dafür, warum überhaupt Moral durch Recht ergänzt werden muss. Eine solche allgemeine Legitimation des Rechts, behauptet Habermas, könne nur den Status einer funktionalen Erklärung haben. Er verweist darauf, wie zerbrechlich in der modernen Welt das alltägliche soziale Gefüge wäre, wenn es sich nicht mehr auf eingelebte Traditionen, sondern nur noch auf Gründe und abstrakte Werte stützen könnte. Eine rein moralische Ordnung wäre auf Sozialisationsprozesse angewiesen, die sehr unwahrscheinlich sind. Schließlich wird diese soziologische Argumentation zu einer persönlichkeitstheoretischen, ja zu einer anthropologischen (ohne sie so zu nennen): Ein Individuum, das nur nach einer »Vernunftmoral« urteilen und handeln würde, stände unter »unerhörten« kognitiven, motivationalen und organisatorischen Anforderungen, von denen es durch ein prinzipiengeleitetes, reflexives Rechtssystem »entlastet« wird.[95] Jeder einzelne Mensch wäre 1. von den äußerst komplexen Anwendungsproblemen, die eine abstrakte Moral in Konfliktfällen aufwirft, 2. von den hohen Erwartungen, die an die Willensstärke und Prinzipientreue jedes Einzelnen gestellt werden, und 3. von dem großen organisatorisch-humanitären Aufwand, der zur Verwirklichung unbestreitbarer moralischer Forderungen in unserer Welt nötig ist, maßlos »überfordert«. Deshalb bedarf unsere Lebensform, zusätzlich zu den moralischen Normen, noch der fundamentalen Institution des Rechts – als »Ausfallbürgschaft«, wie Habermas sagt. Nur so können kommunikativ erzeugte, demokratische Strukturen stabilisiert werden. Bis hinein in die Terminologie (Entlastung, Überforderung, Institutionalisierung und Stabilisierung) hat Habermas damit die Argumentation von Gehlen nachvollzogen.

9. Schluss

Gehlen mag die Ansätze seiner Vorgänger Scheler und Plessner nicht in allen Punkten verbessert oder widerlegt haben; dennoch kann er als der letzte bedeutende Vertreter der philosophischen Anthropologie angesehen werden. Wenn jedoch selbst in Deutschland dieses Forschungsprogramm kaum weitergeführt worden ist, stellt sich die Frage, ob die philosophische Anthropologie überhaupt noch eine Zukunft hat.

Probleme ergeben sich zunächst auf der methodischen bzw. wissenschaftstheoretischen Ebene. Gehlen wollte seine Anthropologie als »empirische Philosophie« verstanden wissen; er neigte jedoch dazu, die unterschiedlichen Zugangsweisen zu nivellieren und die Schwierigkeiten einer solchen Integration zu verschweigen. Sicher sollte die Anthropologie mit den empirischen Wissenschaften vom Menschen kooperieren, sowohl den natur- als auch den sozial- und geisteswissenschaftlichen Disziplinen; die neuesten Erkenntnisse von Soziobiologie, Hirnforschung, Entwicklungspsychologie, historischer Demographie, Mentalitätsgeschichte usw. dürfen nicht ignoriert werden. Allerdings kann eine philosophische Anthropologie diese auch nicht einfach übernehmen; ihre Aufgabe muss es sein, empirisches Wissen kritisch zu interpretieren und zu einer integralen Konzeption zusammenzufügen. Gegenüber den notwendigerweise spezialisierten und zersplitterten Einzelwissenschaften repräsentiert die Philosophie weiterhin den Ort des Allgemeinen. Das gilt übrigens nicht nur für die Anthropologie, sondern auch für andere Disziplinen in ihrem Verhältnis zu den entsprechenden empirischen Wissenschaften, etwa für die Sozialphilosophie.

Ein solcher Holismus kann jedoch nur als regulative Idee dienen. Gehlen hat mehrfach festgestellt, dass es sinnlos sei, sämtliche anthropologischen Kategorien angeben zu wollen. Eine »Theorie des Menschen« ist nicht erreichbar und nicht erstrebenswert, auch keine Fundamentalanthropologie, die den anderen Wissenschaften als Grundlage dient. Eine fachübergreifende Integration empirischen Wissens ist aber möglich, wenn eine lebensweltlich relevante, klar formulierte Fragestellung vorliegt; dann kann das jeweils Wichtige ausgewählt werden. So ging schon Aristoteles vor, dessen Bestimmungen des Menschen zu Anfang der *Politik* keineswegs alles waren, was er über unsere Gattung wusste.[96]

Auf drei Ebenen, so meine ich, ist eine philosophische Anthropologie dieses Zuschnitts unverzichtbar. Auf der metatheoretischen Ebene kann die philosophische Anthropologie zur Begriffsklärung, Theoriebildung und Methodologie der empirischen Humanwissenschaften beitragen. Ein interesssantes Projekt, in das Gehlens Einsichten einmünden, ist eine historische Anthropologie, die Natur und Kultur in Wechselwirkung denkt. Die biologisch verankerten, aber soziokulturell anzueignenden und auszuformenden Handlungsmuster differieren nicht nur nach universalhistorischen Epochen, sondern auch nach Geschlechtern, Altersstufen, Klassenlagen usw. Im Rahmen der Geschichtswissenschaften würde ein solches Forschungsprogramm die historistisch orientierte Ereignisgeschichte und die struktural verfahrende Gesellschaftsgeschichte ergänzen.

Wolf Lepenies hat in den Siebzigerjahren mehrfach eine solche historische Anthropologie gefordert. Besonders wichtig ist sein Hinweis, dass eine solche Disziplin mit ihren Bohrungen weder zu tief noch zu flach ansetzen dürfe.[97] Setzt man zu tief an, stößt man auf invariante Funktionen, die ins Aufgabenfeld der Biologie fallen (z.B. Stoffwechselprozesse). Wird zu flach angesetzt, kommt man zu historischen Variablen, die besser die Psychologie untersuchen sollte. Dagegen sind Begriffe wie »Bedürfnis« und »Kompetenz« als Kategorien einer historischen Anthropologie anzusehen, weil sie in dieser Zwischenebene angesiedelt sind. Unsere Grundbedürfnisse sind gesellschaftlich geprägt, aber dennoch physiologisch verwurzelt. Auch der Begriff der Kompetenz bezeichnet menschliche Fähigkeiten, die tief verankert sind (Sprach- und Handlungsvermögen), höchstwahrscheinlich auf genetischen Dispositionen beruhen, jedoch nur in kultureller Ausprägung aktualisiert werden.

Die zweite Aufgabe der philosophischen Anthropologie bezieht sich auf die normative Ebene, sie dient als Hilfsdisziplin der praktischen Philosophie. Prinzipiell sollte die philosophische Anthropologie nicht als normative Disziplin verstanden werden, aber sie kann uns über Grenzen und Möglichkeiten menschlichen Handelns aufklären. Das ist wichtig für Pädagogik, Moral und Politik. Kantianer wie Otfried Höffe und Hegelianer wie Vittorio Hösle haben in diesem Sinne die gehlensche Anthropologie in ihre Überlegungen zur politischen Philosophie einbezogen.[98]

An dieser Stelle sei nur auf einen Punkt hingewiesen, auf die schon von Gehlen bemerkte Diskrepanz zwischen Einsicht und Handeln, zwischen Gründen und Motiven. Es mag triftige Gründe für ein bestimmtes Moralkonzept geben, doch aus der Einsicht, dass eine Norm legitim ist, folgt (leider) meist nicht direkt, dass man sich dementsprechend verhält. Es müssen hinreichende Motive dazukommen. Diese Diskrepanz beruht sicher u.a. auf anthropologischen Bedingungen. Motivationen sind ebenso wie Emotionen und Impulse sehr tief verankert – und trotz aller kognitiven Fähigkeiten, die wir besitzen, lassen sie sich im

Handeln nicht so einfach überspringen. Kant stilisierte das Begründungsprinzip seiner Moralphilosophie, die praktische Vernunft, auch zur Triebfeder unseres Handelns; Habermas setzt seine Hoffnungen auf »rationale Motivation«, die »schwache Motivationskraft guter Gründe«[99]. Ist das nicht immer noch zu optimistisch? Ich befürchte, Gehlen hat Recht, wenn er schreibt, man müsse endlich »vom Aberglauben [wegkommen], man könne das Handeln vom Kopf her sicherstellen« (AG 7: 218). Gehlens Buch *Moral und Hypermoral* kann als ein Beitrag zu einer anthropologischen Theorie moralischer Triebkräfte rekonstruiert werden. Auf jeden Fall ist das moralphilosophische Motivationsproblem nicht ohne anthropologische Reflexionen zu klären.

Schließlich bleibt – auf der metaphysischen Ebene – die Frage: Was ist der Mensch? Diese Frage, in die Kant seine gesamte Philosophie münden lassen wollte und die Gehlen bewusst ausklammert, zielt auf unser Selbstverständnis als Menschen. Schon immer haben wir nach unserer Bestimmung, unserer Stellung im Kosmos gefragt. Seit der Aufklärung sind wir bei der Beantwortung dieser Frage endgültig auf uns selbst zurückgeworfen; wir können uns nicht mehr an unbezweifelbaren transzendenten Instanzen oder geschlossenen Weltbildern orientieren. Angesichts der möglichen Veränderbarkeit unserer Natur durch Reproduktionsmedizin, Gentechnik u.a. wie auch unserer Kultur durch Ökonomisierung und Digitalisierung stellt sich die Frage nach der menschlichen Identität dringlicher denn je. Die alten Fragen nach Geburt und Tod, Angst und Hoffnung, Liebe und Hass, Leid und Glück werden ohnehin bleiben; es sind menschliche Existenzialien, die die Philosophie nicht vergessen darf. Auch das von Gehlen beiseite gelassene Leib-Seele-Problem wäre hier zu nennen. Wieweit man dabei an die klassische Definition des Menschen als »animal rationale« anknüpfen kann, wird sich zeigen.[100]

Am Anfang seines Hauptwerks zitiert Gehlen das Wort Nietzsches, der Mensch sei das »noch nicht festgestellte Tier« (M 10). Diese Aussage habe zwei Bedeutungen: 1. Man kann nichts Sicheres über den Menschen feststellen; er ist offensichtlich noch nicht definiert worden. 2. Der Mensch ist in seinem Wesen nicht festgelegt, nicht determiniert. Diese beiden Feststellungen über die Nicht-Festgestelltheit des Menschen gelten weiterhin – und damit bleibt uns die philosophische Anthropologie eine Aufgabe.

Anhang

Anmerkungen

1 In weiten Teilen des Textes stütze ich mich auf meine Dissertation, einen Vergleich Gehlens mit Theodor W. Adorno. In der 1997 bei Rowohlt publizierten Buchfassung *Die Krise des Individuums* fehlt der Anthropologie-Teil; er findet sich aber in der ebenfalls 1997 veröffentlichten Mikroedition des Verlages Hänsel-Hohenhausen. Für wertvolle Hinweise danke ich Beatrix Gotthold, Michael Großheim, Heiner Hastedt und Joachim Trucks.

2 Vgl. Karl-Siegbert Rehberg, Hans Freyer, Arnold Gehlen, Helmut Schelsky, in: Dirk Kaesler (Hg.), Klassiker der Soziologie, Bd. 2, München 1999, S. 72-104.

3 Vgl. Werner Rügemer, Philosophische Anthropologie und Epochenkrise, Köln 1979; ders., Vom bürgerlichen Krisenbewußtsein zur nationalsozialistischen Arbeiterpartei, in: Merkur, 49. Jg., 1995, S. 79-84.

4 Die erwähnte Korrespondenz befindet sich im Dresdner Gehlen-Archiv. Für die Möglichkeit und die Erlaubnis, aus diesen Briefen zu zitieren, bedanke ich mich sehr herzlich bei Professor Dr. Karl-Siegbert Rehberg (Dresden) und Caroline Baronin von Lieven (Augsburg).

5 Vgl. Wolf Lepenies, Melancholie und Gesellschaft, Frankfurt/M. 1969, S. 232-256.

6 Christian Graf von Krockow, Die Deutschen in ihrem Jahrhundert, Reinbek 1990, S. 362.

7 Vgl. aber: Otthein Rammstedt, Umgang mit Klassikern, in: Soziologische Revue, 18. Jg., 1995, S. 515-519 sowie die anschließende Diskussion zwischen Rammstedt und Rehberg in: Soziologische Revue, 19. Jg., 1996, S. 248 ff.

8 Armin Mohler, Von rechts gesehen, Stuttgart 1974, S. 52.

9 Vgl. Karl-Siegbert Rehberg, Metaphern des Standhaltens. In memoriam Arnold Gehlen, in: Kölner Zeitschrift für Soziologie und Sozialpsychologie (KZSS), 28. Jg., 1976, S. 389-398, hier S. 396.

10 Vgl. Ernst Nolte, Geschichtsdenken im 20. Jahrhundert, Berlin/Frankfurt/M. 1991, S. 470.

11 Vgl. Karl-Siegbert Rehberg, Existentielle Motive im Werk Arnold Gehlens, in: H. Klages/H. Quaritsch (Hg.), Zur geisteswissenschaftlichen Bedeutung Arnold Gehlens, Berlin 1994, S. 491-530, hier S. 525 f.

12 Vgl. die ältere, aber in den Grundzügen immer noch zutreffende Untersuchung von: Christian Graf von Krockow, Die Entscheidung, Stuttgart 1958, S. 93 ff., 130.

13 Vgl. Platon, Phaidros, 230 a.

14 Vgl. Helmuth Plessner, Die Stufen des Organischen und der Mensch (1928), 3. Aufl., Berlin/New York 1975, S. 293-308.

15 Vgl. Jürgen Habermas, Theorie des kommunikativen Handelns, Bd. 1, Frankfurt/M. 1981, S. 84, 126-141 u. ö.

16 Helmuth Plessner, Das Problem der Natur in der gegenwärtigen Philosophie (1930), in: ders., Gesammelte Schriften, Bd. 9, Frankfurt/M. 1985, S. 56-72, hier S. 59.

17 Vgl. Walter Schulz, Philosophie in der veränderten Welt, Stuttgart 1972, S. 433-441.

18 Immanuel Kant, Idee zu einer allgemeinen Geschichte in weltbürgerlicher Absicht, 6. Satz.

19 Friedrich Nietzsche, Die fröhliche Wissenschaft (1882), § 224, in: ders., Sämtliche Werke (KSA), Bd. 3, München 1999, S. 510.

20 Vgl. Hans Lenk, Zum transzendentalen Kulturismus Arnold Gehlens, in: ders., Zwischen Sozialpsychologie und Sozialphilosophie, Frankfurt/M. 1987, S. 112-133, hier S. 131.

21 Vgl. Anaximander, Fragment A 11; Platon, Protagoras, 321 c; Aristoteles, Über die Teile der Tiere, IV 10.

22 Johann Gottfried Herder, Über den Ursprung der Sprache (1772), Stuttgart 1966, S. 24 f. u. 80 f. Das Wort »Mängelwesen« findet sich bei Herder allerdings nicht.

23 Friedrich Nietzsche, Der Antichrist (1888), § 14, in: ders., Sämtliche Werke (KSA), Bd. 6, München 1999, S. 180.

24 Eine umfassende Kritik von Gehlens Anthropologie im Lichte aktueller biologischer Erkenntnisse liefert: Rainer Karneth, Anthropo-Biologie und Biologie, Würzburg 1991. Ich habe aus dieser hervorragenden Arbeit mehr gelernt, als sich durch einzelne Anmerkungen ausweisen lässt.

25 Vgl. Georg Friedrich Wilhelm Hegel, Phänomenologie des Geistes (1807), Frankfurt/M. 1970, S. 32.

26 Vgl. Stephen Jay Gould, Ontogeny and Phylogeny, Cambridge/Mass. 1977; vgl. ders., Der falsch vermessene Mensch, Basel u.a. 1983, S. 370.

27 Vgl. Rainer Knußmann, Vergleichende Biologie das Menschen, Stuttgart/New York 1980, S. 240ff.

28 Adolf Portmann, Zoologie und das neue Bild vom Menschen, Hamburg 1956, S. 14 u.ö.

29 Sigmund Freud, Hemmung, Symptom und Angst (1926), in: ders., Studienausgabe, Bd. 6, Frankfurt/M. 1982, S. 227-308, hier S. 293.

30 Vgl. Alexander Mitscherlich, Auf dem Weg zur vaterlosen Gesellschaft (1963), München 1973, S. 18ff., 48 ff., 57ff. u.ö.

31 Rainer Karneth, Anthropo-Biologie und Biologie, a.a.O., S. 153ff.

32 Jürgen Habermas, Zur Rekonstruktion des Historischen Materialismus, Frankfurt/M. 1976, S. 149.

33 Vgl. Dieter Claessens, Instinkt, Psyche, Geltung, 2. Aufl., Köln/Opladen 1970, S. 94-97 u.ö.; ders., Das Konkrete und das Abstrakte, Frankfurt/M. 1980, S. 60f. u.ö.; Peter Sloterdijk, Das Phänomen Adam, in: Geo Wissen, Die Evolution des Menschen, Sept. 1998, S. 43-46.

34 Das ist einer der Grundgedanken von Dewey. Vgl. John Dewey, Erfahrung und Natur (1925), übers. von M. Suhr, Frankfurt/M. 1995.

35 Aristoteles, Über die Seele, 432a.

36 Konrad Lorenz, Über tierisches und menschliches Verhalten, Bd. 2, München 1965, S. 177 u. 231ff.

37 Vgl. Jakob von Uexküll, Umwelt und Innenwelt der Tiere (1909), 2. Aufl., Berlin 1921, S. 6.

38 Ders., Theoretische Biologie (1920), Frankfurt/M. 1973, S. 9.

39 Vgl. Jakob von Uexküll/Georg Kriszat, Streifzüge durch die Umwelten von Tieren und Menschen, Hamburg 1956, S. 94.

40 Vgl. Erich Rothacker, Probleme der Kulturanthropologie, Bonn 1948, S. 157ff.; ders., Philosophische Anthropologie, Bonn 1964, S. 61f.; vgl. Jürgen Habermas, Art. Anthropologie, in: A. Diemer/I. Frenzel (Hg.), Philosophie, Frankfurt/M. 1958, S. 18-35, hier S. 31f.

41 Martin Heidegger, Die Grundbegriffe der Metaphysik, in: ders., Gesamtausgabe, Bd. 29/30, Frankfurt/M. 1983, S. 261.

42 Ebenda, S. 383.

43 Max Scheler, Die Stellung des Menschen im Kosmos (1928), Bonn 1991, S. 40.

44 Helmuth Plessner, Über das Welt-Umweltverhältnis des Menschen (1950), in: ders., Gesammelte Schriften, Bd. 8, Frankfurt/M. 1983, S. 77-87, hier S. 80.

45 Vgl. ders., Die Frage nach der Conditio humana (1961), in: ders., Gesammelte Schriften, Bd. 8, a.a.O., S. 136-217, hier S. 187.

46 Theodor W. Adorno, Negative Dialektik, Frankfurt/M. 1975, S. 130.

47 Vgl. Aristoteles, Nikomachische Ethik, 1139 a 20.

48 Vgl. zum Folgenden insgesamt das großartige Buch von: Norbert Bischof, Das Rätsel Ödipus, 3. Aufl., München/Zürich 1991, S. 145-155, 208, 513 f., 519 ff.

49 Vgl. Konrad Lorenz, Über tierisches und menschliches Verhalten, Bd. 2, a.a.O., S. 176, vgl. S. 156 u. 165.

50 Vgl. Friedrich Nietzsche, Also sprach Zarathustra, 3. Teil (1884), Von der verkleinernden Tugend, in: ders., Sämtliche Werke (KSA), Bd. 4, München 1999, S. 214; ders., Zur Genealogie der Moral (1887), 1. Abh., § 11, in: ders., Sämtliche Werke (KSA), Bd. 5, München 1999, S. 276.

51 Vgl. Konrad Lorenz, Über tierisches und menschliches Verhalten, Bd. 2, a.a.O., S. 167-175, 239 ff.; zur Kritik vgl.: Alexander Demandt, Biologistische Dekadenztheorien, in: Saeculum. Jahrbuch für Universalgeschichte, 36. Jg., 1985, S. 4-27.

52 Helmuth Plessner, Die Frage nach der Conditio humana, a.a.O., S. 193.

53 Vgl. Irenäus Eibl-Eibesfeldt, Grundriß der vergleichenden Verhaltensforschung, 4. Aufl., München 1973, S. 454-460.

54 Max Scheler, Die Stellung des Menschen im Kosmos, a.a.O., S. 30.

55 Vgl. Jane Goodall, Wilde Schimpansen (1971), Reinbek 1991; dies., Ein Herz für Schimpansen, Reinbek 1991.

56 Vgl. Dieter E. Zimmer, Unsere erste Natur, Frankfurt/M. u.a. 1982, S. 194.

57 Vgl. Konrad Lorenz, Die Rückseite des Spiegels (1973), München 1993, S. 90 (in Anlehnung an Ernst Mayr).

58 Carl Friedrich von Weizsäcker, Der Garten des Menschlichen, München 1977, S. 206.

59 Vgl. Ernst Mayr, Eine neue Philosophie der Biologie, München/Zü-

rich 1991, S. 102f.; vgl. insgesamt: Christian Vogel, Vom Töten zum Mord, München/Wien 1989.

60 Vgl. Dieter Birnbacher, Verantwortung für künftige Generationen, Stuttgart 1988, S. 192ff.

61 Vgl. Arthur Schopenhauer, Die beiden Grundprobleme der Ethik (1837/40), Zürich 1977 in: ders., Werke, Bd. 6, S. 249, 267 u.ö.

62 Vgl. Konrad Lorenz, Das sogenannte Böse (1963), München 1983, S. 92 u.ö.

63 Vgl. Morris N. Eagle, Neuere Entwicklungen in der Psychoanalyse, München/Wien 1988, S. 11-19; Norbert Bischof, Das Rätsel Ödipus, a.a.O., S. 168ff., 206, 493ff. u.ö.; zu den sozialphilosophischen Konsequenzen vgl.: Axel Honneth, Kampf um Anerkennung, Frankfurt/M. 1994, S. 154ff.

64 Vgl. John Bowlby, Bindung. Eine Analyse der Mutter-Kind-Beziehung (1969), München 1975.

65 Vgl. Erich Fromm, Die Furcht vor der Freiheit (1941), München 1990, S. 20, 209; ders., Wege aus der kranken Gesellschaft (1955), München 1991, S. 32-38; ders., Anatomie der menschlichen Destruktivität (1973), Reinbek 1977, S. 261f.

66 Odo Marquard, Homo Compensator, in: W. Oelmüller u.a. (Hg.), Diskurs: Mensch (= Philosophische Arbeitsbücher, Bd. 7), 2. Aufl., Paderborn 1990, S. 317-329, hier S. 328.

67 Günther Anders, Die Antiquiertheit des Menschen, Bd. 1, München 1956, S. 18.

68 Odo Marquard, Skepsis und Zustimmung, Stuttgart 1994, S. 56, vgl. S. 7.

69 Günther Anders, Die Antiquiertheit des Menschen, Bd. 1, a.a.O., S. 270.

70 Vgl. Konrad Lorenz, Der Abbau des Menschlichen, München 1983, S. 143-146; Ernst Mayr, Evolution und die Vielfalt des Lebens, Berlin u.a. 1979, S. 263-266.

71 Günther Anders, Die Antiquiertheit des Menschen, Bd. 1, a.a.O., S. 17.

72 Vgl. Dieter Claessens, Instinkt, Psyche, Geltung, a.a.O., S. 30ff.

73 Vgl. Mario Erdheim, Die gesellschaftliche Produktion von Unbewußtheit, 4. Aufl., Frankfurt/M. 1992, S. 359-368.

74 Vgl. Dieter Claessens, Instinkt, Psyche, Geltung, a.a.O., S. 100, 116f., 161 u.ö.

75 Gerhard Göhler, Einleitung, in: G. Göhler/K. Lenk/R. Schmalz-

Bruns (Hg.), Die Rationalität politischer Institutionen, Baden-Baden 1990, S. 9-14, hier S. 12.

76 Hermann Lübbe, Religion nach der Aufklärung, Graz u.a. 1986, S. 160 ff.

77 Vittorio Hösle, Moral und Politik, München 1997, S. 689.

78 Vgl. Jacob Taubes, Das Unbehagen an den Institutionen, in: H. Schelsky (Hg.), Zur Theorie der Institution, Düsseldorf 1970, S. 67-76, hier S. 74.

79 Odo Marquard, Skepsis und Zustimmung, a.a.O., S. 36; vgl. ders., Abschied vom Prinzipiellen, Stuttgart 1981, S. 108; ders., Apologie des Zufälligen, Stuttgart 1986, S. 132 ff.

80 Vgl. Helmut Schelsky, Zur soziologischen Theorie der Institution, in: ders. (Hg.), Zur Theorie der Institution, Düsseldorf 1970, S. 11, 21.

81 Vgl. Ludger Heidbrink, Melancholie und Moderne, München 1994, S. 215-220, 263 ff.

82 Vgl. Claude Lévi-Strauss, Traurige Tropen (1955), 8. Aufl., Frankfurt/M. 1991, S. 411.

83 Vgl. Lutz Niethammer, Posthistoire. Ist die Geschichte zu Ende?, Reinbek 1989.

84 Vgl. Jean-François Lyotard, Das postmoderne Wissen (1979), Bremen 1982.

85 Wolfgang Welsch, Unsere postmoderne Moderne, 4. Aufl., Berlin 1993, S. 18.

86 Francis Fukuyama, Das Ende der Geschichte, München 1992.

87 Vgl. Hans Blumenberg, Höhlenausgänge, Frankfurt/M. 1989, S. 809-818.

88 Odo Marquard, Schwierigkeiten mit der Geschichtsphilosophie, Frankfurt/M. 1982, S. 136.

89 Ders., Apologie des Zufälligen, Stuttgart 1986, S. 94.

90 Ebenda, S. 125.

91 Ebenda, S. 89.

92 Vgl. Joachim Ritter, Subjektivität. 6 Aufsätze, Frankfurt/M. 1974, S. 26 ff., 130 ff.

93 Niklas Luhmann, Systemtheoretische Argumentationen, in: J. Habermas/N. Luhmann, Theorie der Gesellschaft oder Sozialtechnologie – Was leistet die Systemforschung?, Frankfurt/M. 1971, S. 291-405, hier S. 308 Anm.

94 Vgl. Jürgen Habermas, Theorie des kommunikativen Handelns, Bd. 2, Frankfurt/M. 1981, S. 269-275, 394, 418, 554 u.ö.

95 Vgl. ders., Faktizität und Geltung, Frankfurt/M. 1992, S. 146 ff.

96 Vgl. Otfried Höffe, Wiederbelebung im Seiteneinstieg, in: ders. (Hg.), Der Mensch – ein politisches Tier? Essays zur politischen Anthropologie, Stuttgart 1992, S. 5-13.

97 Vgl. Wolf Lepenies, Geschichte und Anthropologie. Zur wissenschaftstheoretischen Einordnung eines aktuellen Disziplinenkontaktes, in: Geschichte und Gesellschaft, 1. Jg., 1975, S. 325-343, hier S. 338.

98 Vgl. Otfried Höffe, Politische Gerechtigkeit, Frankfurt/M. 1987, S. 343-347, 353-359; Vittorio Hösle, Moral und Politik, a.a.O., S. 284-288, 311 ff., 330 ff., 336-349.

99 Jürgen Habermas, Theorie des kommunikativen Handelns, Bd. 1, a.a.O., S. 49 f., 406; Bd. 2, S. 107, 114 f., 169; ders., Faktizität und Geltung, a.a.O., S. 146.

100 Vgl. Herbert Schnädelbach, Zur Rehabilitierung des animal rationale, Frankfurt/M. 1992, S. 30 ff.

Literaturhinweise

1. Veröffentlichungen von Arnold Gehlen (mit Siglen)

a) Gesamtausgabe

Im Verlag Vittorio Klostermann (Frankfurt/M.) wird von Karl-Siegbert Rehberg die auf zehn Bände angelegte Arnold-Gehlen-Gesamtausgabe (= AG) herausgegeben. Bisher sind erschienen:

Bd. 1 Philosophische Schriften (1925-1933), hg. von L. Samson (1978).
Bd. 2 Philosophische Schriften (1933-1938), hg. von L. Samson (1980).
Bd. 3 Der Mensch. Seine Natur und seine Stellung in der Welt. Textkritische Edition unter Einbeziehung des gesamten Textes der 1. Auflage von 1940, hg. von K.-S. Rehberg (1993).
Bd. 4 Philosophische Anthropologie und Handlungslehre, hg. von K.-S. Rehberg (1983).
Bd. 7 Einblicke, hg. von K.-S. Rehberg (1978).

Geplant sind:

Bd. 5 Urmensch und Spätkultur
und andere Schriften zur Philosophie der Institutionen.
Bd. 6 Die Seele im technischen Zeitalter
und andere sozialpsychologische, soziologische und kulturanalytische Schriften (soll im Jahr 2000 erscheinen).
Bd. 8 Moral und Hypermoral
und andere Schriften zur Ethik.
Bd. 9 Zeit-Bilder
und andere Schriften zur Philosophie und Soziologie der Malerei.
Bd. 10 Vermischtes (Diskussionen, Rezensionen), Bibliographie, Biografisches.

b) Einzelausgaben

A+S Anthropologische und sozialpsychologische Untersuchungen, Nachwort von H. Schnädelbach, Reinbek 1986.

M Der Mensch. Seine Natur und Stellung in der Welt, 13. Aufl., Wiesbaden 1997 (Nachdruck der Ausgabe von 1986).

M+HM Moral und Hypermoral. Eine pluralistische Ethik, 5. Aufl., Wiesbaden 1986.

St. Studien zur Anthropologie und Soziologie, 2. Aufl., Neuwied 1971.

U+S Urmensch und Spätkultur. Philosophische Ergebnisse und Aussagen, 5. Aufl., Wiesbaden 1986.

ZB Zeit-Bilder. Zur Soziologie und Ästhetik der modernen Malerei, Frankfurt/M. 1986.

c) Weitere Texte Gehlens (Auswahl)

1962 a Über kulturelle Evolutionen, in: H. Kuhn/F. Wiedmann (Hg.), Die Philosophie und die Frage nach dem Fortschritt, München 1964, S. 207-220 (Vortrag auf dem 7. Deutschen Kongress für Philosophie in Münster 1962).

1962b Evolution und Fortschritt. Diskussionsbericht von Ignaz Klein, in: ebenda, S. 326-332 (Aussprache über den Vortrag Gehlens).

1963 Das gestörte Zeit-Bewußtsein, in: Merkur, 17. Jg., 1963, S. 313-321.

1965 Ist die Soziologie eine Wissenschaft vom Menschen? Ein Streitgespräch mit Theodor W. Adorno, in: Friedemann Grenz, Adornos Philosophie in Grundbegriffen, Frankfurt/M. 1974, S. 223-251 (Rundfunk-Diskussion, gesendet am 3.2.1965).

1974 Ende der Geschichte? in: Arnold Gehlen, Einblicke, Frankfurt/M. 1975, S. 115-133.

1976 Das entflohene Glück. Eine Deutung der Nostalgie, in: Merkur, 30. Jg., 1976, S. 432-442.

d) Hilfsmittel

Arnold-Gehlen-Bibliographie, in: H. Klages/H. Quaritsch (Hg.), Zur geisteswissenschaftlichen Bedeutung Arnold Gehlens, Berlin 1994, S. 899-1001.

Seitenkonkordanzen der verschiedenen Ausgaben des Buchs *Der Mensch*, in: Arnold Gehlen, Gesamtausgabe, Bd. 3, Frankfurt/M. 1993, S. 917-961.

2. Veröffentlichungen über Arnold Gehlen (Auswahl)

Werner Brede, Art. Arnold Gehlen, in: B. Lutz u.a. (Hg.), Metzler Philosophen Lexikon, Stuttgart 1989 u.ö., S. 280-284.

Dieter Claessens, Instinkt, Psyche, Geltung. Zur Legitimation menschlichen Verhaltens. Eine soziologische Anthropologie, 2. Aufl., Köln/Opladen 1970.

Jürgen Habermas, Nachgeahmte Substantialität (1970), in: ders., Philosophisch-politische Profile, Frankfurt/M. 1987, S. 107-126.

Friedrich Jonas, Die Institutionenlehre Arnold Gehlens, Tübingen 1966.

Rainer Karneth, Anthropo-Biologie und Biologie. Biologische Kategorien bei Arnold Gehlen – im Licht der Biologie, besonders der vergleichenden Verhaltensforschung der Lorenz-Schule, Würzburg 1991.

H. Klages/H. Quaritsch (Hg.), Zur geisteswissenschaftlichen Bedeutung Arnold Gehlens. Vorträge und Diskussionsbeiträge des Sonderseminars 1989 der Hochschule für Verwaltungswissenschaften Speyer, Berlin 1994.

Henning Ottmann, Arnold Gehlen in der Literatur. Bericht über einen fast noch unbekannten Autor, in: Philosophisches Jahrbuch, 86. Jg., 1979, S. 148-184.

Karl-Siegbert Rehberg, Metaphern des Standhaltens. In memoriam Arnold Gehlen, in: Kölner Zeitschrift für Soziologie und Sozialpsychologie (KZSS), 28. Jg., 1976, S. 389-398.

Ders., Eine Grundlagentheorie der Institutionen: Arnold Gehlen. Mit systematischen Schlußfolgerungen für eine kritische Institutionentheorie, in: G. Göhler/K. Lenk/R. Schmalz-Bruns (Hg.), Die Rationalität politischer Institutionen, Baden-Baden 1990, S. 115-144.

Ders., Zurück zur Kultur? Arnold Gehlens anthropologische Grundlegung der Kulturwissenschaften, in: H. Brackert/F. Wefelmeyer (Hg.), Kultur. Bestimmungen im 20. Jahrhundert, Frankfurt/M. 1990, S. 276-316.

Ders., Nachwort des Herausgebers, in: Arnold-Gehlen-Gesamtausgabe, Bd. 3, Frankfurt/M. 1993, S. 751-786.

Ders., Hans Freyer (1887-1960), Arnold Gehlen (1904-1976), Helmut Schelsky (1912-1984), in: D. Kaesler (Hg.), Klassiker der Soziologie, Bd. 2, München 1999, S. 72-104.

Werner Rügemer, Philosophische Anthropologie und Epochenkrise. Studie über den Zusammenhang von allgemeiner Krise des Kapitalismus und anthropologischer Grundlegung der Philosophie am Beispiel Arnold Gehlens, Köln 1979.

Herbert Schnädelbach, Nachwort, in: A. Gehlen, Anthropologische und sozialpsychologische Untersuchungen, Reinbek 1986, S. 267-275.

Christian Thies, Die Krise des Individuums. Zur Kritik der Moderne bei Adorno und Gehlen, Reinbek 1997.

Johannes Weiß, Weltverlust und Subjektivität. Zur Kritik der Institutionenlehre Arnold Gehlens, Freiburg 1971.

Zeittafel

1904	Am 29.1. wird Arnold Gehlen in Leipzig geboren.
1923	Abitur.
1927	Promotion an der Universität Leipzig bei Hans Driesch.
1930	Habilitation.
1931	*Wirklicher und unwirklicher Geist.*
1933	*Theorie der Willensfreiheit.*
1934	Professor für Philosophie an der Universität Leipzig.
1938	Berufung auf den Kant-Lehrstuhl an der Universität Königsberg.
1940	*Der Mensch* (3. Aufl. 1944, 4. Aufl. 1950, 7. Aufl. 1962). Berufung an die Universität in Wien.
1944	Soldat.
1947	Professor für Soziologie an der Hochschule für Verwaltungswissenschaften in Speyer.
1949	*Die Seele im technischen Zeitalter* (2. Aufl. 1957).
1956	*Urmensch und Spätkultur.*
1960	*Zeit-Bilder* (2. Aufl. 1965, 3. Aufl. 1986).
1961	*Anthropologische Forschung* (1986 wieder veröffentlicht zusammen mit der *Seele im technischen Zeitalter* unter dem Titel *Anthropologische und sozialpsychologische Unterschungen*).
1962	*Studien zur Anthropologie und Soziologie* (2. Aufl. 1971). Professor für Soziologie an der Technischen Hochschule Aachen.
1969	*Moral und Hypermoral.* Emeritierung.
1975	*Einblicke.*
1976	Am 30.1. stirbt Arnold Gehlen in Hamburg.

Christian Thies, geb. 1959, Studium der Philosophie, Geschichte und Erziehungswissenschaft in Hamburg und Berlin, Promotion mit einem Vergleich von Theodor W. Adorno und Arnold Gehlen (Die Krise des Individuums, 1997), Unterrichtstätigkeit in Schule, politischer Bildung und Fachhochschule, 1996 bis 1998 Post-Doktorand im Graduierten-Kolleg »Ästhetische Bildung« an der Universität Hamburg, seit 1995 an der Universität Rostock, zunächst als Lehrbeauftragter für die Lehrerweiterbildung, seit 1999 als wissenschaftlicher Assistent für praktische Philosophie.